印刷工业出版分社

YINSHUABAOZHUANG GONGCHENGLEI

SHENGCHANSHIXI ZHIDAOSHU

印刷包装工程类
生产实习指导书

左晓燕 安 粒 张铁锋 ◎ 主编

U0312930

文化发展出版社

Cultural Development Press

·北京·

内容提要

本书以学生进入实习企业的各个部门为切入点，分为印前部、生产部、制版部、印刷生产部以及印后部。按照各部门在印刷工艺流程生产的顺序进行编排，通过各个部门生产技术操作要点介绍，详细阐述了学生进行印刷包装实习时的重点内容。

图书在版编目（CIP）数据

印刷包装工程类生产实习指导书 / 左晓燕，安粒，张铁锋主编. —— 北京：文化发展出版社，2023.6
ISBN 978-7-5142-3644-6

Ⅰ．①印… Ⅱ．①左… ②安… ③张… Ⅲ．①装潢包装印刷 – 生产实习 Ⅳ．①TS851

中国版本图书馆CIP数据核字(2021)第261777号

印刷包装工程类生产实习指导书

主　　编：左晓燕　安　粒　张铁锋

出 版 人：宋　娜
责任编辑：朱　言　　　　　　　责任校对：岳智勇
责任印制：邓辉明　　　　　　　封面设计：韦思卓
出版发行：文化发展出版社（北京市翠微路2号 邮编：100036）
发行电话：010-88275993　　010-88275710
网　　址：www.wenhuafazhan.com
经　　销：全国新华书店
印　　刷：北京捷迅佳彩印刷有限公司

开　　本：787mm×1092mm　　1/16
字　　数：122千字
印　　张：8.25
版　　次：2023年6月第1版
印　　次：2023年6月第1次印刷
定　　价：48.00元
ＩＳＢＮ：978-7-5142-3644-6

◆ 如有印装质量问题，请与我社印制部联系　电话：010-88275720

前言

PREFACE

　　《印刷包装工程类生产实习指导书》是印刷和包装工程专业的综合实践教育课程。其目的是让学生在完成专业课后的大学三年级进入企业一线参与实习岗位工作，使学生了解印刷生产全流程与主要工艺环节及技术参数，掌握印前、印刷与印后的衔接及对设备、工艺的要求。主要教学目标：（1）使学生能够熟悉印刷企业组织模式和生产流程情况，并分析和评估该企业的生产执行标准、产业政策、工艺流程完整度；（2）能正确运用所学印刷包装工程专业的基础理论、专业知识，全面地掌握印前图文信息的处理流程、印刷设备的操作技术和印后加工的工艺特点及技术要领，并形成一定的印刷行业职业素养，为从事生产管理岗位做储备；（3）能够了解印刷企业在生产全流程的成本预算和成本控制，熟悉印刷企业在订单生产过程中报价所考虑的影响因素，能够相对准确计算单一订单生产管理全流程的基本运行成本；（4）实习过程中，了解我国印刷包装行业的现状，深刻理解我国在印刷包装行业对世界的贡献，我国印刷包装行业经过多年的发展，目前取得的辉煌成就。让学生树立投身我国印刷包装行业建设理想的职业意识。学生在生产实习过程中，由于生产企业的产品性质、主营业务和地区分布等各不相同，导致在学生参与实习过程中，实习的内容相差较大。为此，本书结合当前印刷包装以及相关产业的企业生产情况，对不同工序的实习侧重点加以总结，使学生在实习的各个工序有一个明确的内容规范。

本书以学生进入实习企业的各个部门为切入点，分为生产部、印前设计部、制版部、印刷生产部以及印后加工部。按照各部门在印刷生产工艺流程的顺序进行编排，通过各个部门生产技术操作要点介绍，详细阐述了学生在参与印刷包装中的实习重点。这样，一方面内容上涵盖了传统生产流程的全部工序，另一方面增加了企业各部门常有的事宜，弥补了学生在学校理论课学习中的认知不足，同时也符合学生到企业所获得的实际体验。而现今学生进入的印刷包装生产企业，主要产品的印刷方式是平版、数字印刷、凹版和柔性版印刷，因此对这四种印刷方式的详细操作进行了重点介绍。而印后加工主要针对书刊装订、包装纸盒生产来阐述，从而加深学生对相关实习内容的明确。

　　本书内容的编写基于近几年北京印刷学院印刷与包装工程学院在实习基地企业的实习指导、教师调研学习和探索经验，内容深浅适度、条理清晰，第二、三、五、六章由左晓燕编写，第一、四、七、八章由安粒编写，供印刷包装工程类或与印刷行业相关的其他专业学生、教师阅读和参考。

　　特别感谢王为民老师在本书的编写过程中对本书内容策划的指导。感谢张改梅老师以及实习基地企业负责实习的各位同人的大力支持和帮助。

　　由于水平有限，以及实际生产技术变化较快，书中有疏漏之处，希望读者提出宝贵意见。

作者

2021 年 11 月

目录

CONTENTS

第1章／安全生产实习守则 / 1

第2章／生产部 / 4

第一节　实习导语 / 4

第二节　实习必备基础知识 / 5

第三节　实习记录 / 8

第3章／印前设计部 / 9

第一节　实习导语 / 9

第二节　实习必备基础 / 10

第三节　实习记录 / 19

第4章／制版部 / 20

第一节　实习导语 / 20

第二节　实习必备基础知识 / 21

第三节　实习记录 / 42

第 5 章／印刷生产部 / 44

第一节　实习导语 / 44

第二节　实习必备基础知识 / 45

第三节　实习记录 / 78

第 6 章／印后加工部 / 81

第一节　实习导语 / 81

第二节　实习必备基础知识 / 81

第三节　实习记录 / 98

附录A　"印刷生产实习与创新实践"实习教学大纲 / 101

附录B　生产实习实践教学环节实习方案 / 114

附录C　北京印刷学院课程目标达成度评价表 / 116

附录D　印刷与包装工程学院生产实习安全协议书（集中派遣）/ 119

附录E　调查问卷＿＿＿届印刷包装学院本科毕业生实习动态调查问卷 / 121

第1章 安全生产实习守则

生产实习是理论联系实际的实践性教学环节，它能拓展学生的印刷专业知识，培养他们的独立操作能力，增强其爱岗敬业和集体劳动的观念。为使实习工作顺利进行，并保证实习学生的人身安全与实习企业的设备安全，依照《北京印刷学院学生手册》中有关"实践教学"的规定内容，特制定本守则，凡进行印刷生产实习的学生务必遵守。

（一）实习考勤与请假制度

1. 印刷与包装工程学院全日制本科生必须按照教学计划规定参加生产实习，并依据实习教学大纲及实习学时的要求，保质保量地完成实习任务。

2. 学生在生产实习期间必须严格遵守实习单位的相关考勤和请假制度，迟到、早退与旷工累计超过单次生产实习时间 1/3 以上者将被取消实习资格，实习成绩以零分记。

（二）实习纪律

1. 热爱岗位工作，以实习单位职工的标准严格要求自己，尽职尽力，培养自己吃苦耐劳及爱岗敬业的品质，提高自身适应社会的能力。

2. 遵守实习纪律，按照实习单位着装要求上岗，准时到达实习岗位，不迟到、不早退、不串岗，中途不擅自离开实习岗位。

3. 文明礼貌，仪表规范，举止得体。不喝酒，不说脏话，实习时不得在岗位上闲聊、说笑打闹、追逐嬉戏、大声喧哗；不准在上班期间看小说、杂志、报纸及其他与实习无关的资料，不准利用手机 QQ、微信聊天或刷朋友圈；车间内严禁吸烟、上网和打扑克牌等行为，男女同学间不扯是非，不能有亲昵行为；未经允许，不得私自使用单位固定电话和电脑，不得擅自闯进他人办公室。

4. 好学上进，态度端正。虚心接受工厂师傅和实习导师的指导，仔细倾听，通过实践与观察，加强理解，高效率地完成各项生产实习任务。

5. 严格遵守实习单位保密协议或规定，严禁泄露有保密性质的活件信息或将其半成品及成品携带出车间和厂区。

6. 在规定时间内独立或协作完成生产实习中的任务或课题，坚持每天写生产实习日记。

7. 完成当天的实习后，务必做到以下几点：①整理和清点好自己的实习工具和耗材；②协助指导师傅做好岗位操作台及周围环境的清洁与卫生工作；③经指导师傅核查允许后方可下班离开车间。

8. 与实习企业的员工保持融洽的工作关系，尊敬上司、尊重同事，不对实习企业提不合理要求，积极参加企业组织的各项文化和体育等公益活动。

（三）实习安全

1. 二级学院在学生实习前必须进行全员的安全实习教育，进入企业后各岗位指导师傅还要针对岗位特点和操作规程阐明本岗生产实习安全规定，使安全教育做到无缝链接。

2. 严格遵守实习单位的规章制度和安全实习规定，服从实习单位的安排和管理；注重人身和财产安全，工作日不准擅自离队外出，不准喝酒和赌博，不准上网吧、游戏厅等娱乐场所，不准无故寻衅滋事；不得在寝室私拉电线或使用违规电器，不得夜不归宿；严禁下河游泳。

3. 工休期间外出注意交通安全和人身安全，有意外或紧急情况发生时务必及时通知实习企业和学校相关的联系人。

4. 进入车间必须按实习单位着装要求，女生及长发男生必须戴工作帽，不准穿拖鞋、背心、裙子和短裤进入车间。

5. 只能带与实习相关的笔、纸（本）、书籍及水杯进入岗位，在印刷机台实习的同学一律不准带手机、手表、钥匙和戴首饰（手链、项链、耳环、戒指等）。

6. 爱护实习企业的公共财产，爱惜实习岗位的各项资源或工具，不随意动用与自己岗位无关的设备或仪器，以免造成丢失、损坏或其他事故。

7. 工作场地要整洁，不能随意向地上泼水；不允许在通道及机器操作位置摆放私人物品，不允许坐、卧各种操作台或桌子，以免造成坍塌；公共场所严禁吸烟。

8. 若发现机器有异常声音或明显故障时，应及时报告指导师傅或机长，切勿急躁或擅自处理，待故障排除后方可继续操作。

第2章 生产部

第一节 实习导语

生产部是印刷企业管理核心的技术环节，生产管理包括生产计划、物料计划、生产任务单、生产进度跟踪、质检计划五部分。在印刷企业，业务部门下达的合同订单在到达生产车间前需要进行工艺设计，生成生产计划和物料计划，然后自动转为生产指令单和外协指令单。

印刷企业生产部最基本的职能是按业务部下达的生产订单，负责订单的工艺审核，编制本厂各车间／部门的生产任务单以安排后序生产计划，包括根据本企业的工艺、进度情况来决定安排发外加工生产的相关计划，并对各车间／部门的生产任务进度情况进行检查、督促和记录。

除生产部经理等管理人员外，还设置有工艺员、调度员、外协代表人员等岗位。

生产部人员应具备全面的印刷专业知识，非常熟悉本企业的生产工艺流程，同时具备严谨、敏锐、果断的工作作风，能很好地与业务部、各生产车间／部门进行沟通交流，解决、协调生产过程中的突发事件处理。

由于生产部对人员专业综合能力、经验等要求比较高，而且绝大多数的企业生产都采用信息化的任务单管理方式，一般只能安排实习学生辅助工艺员、调度员的部分文件资料整理、信息反馈记录等工作，不会安排其参与核心的工艺、调度等技术方面的工作。但是学生可以在整理文件之余，通过完整的、多次的跟单过程，逐步了解生产任务单对人员/班组、设备、颜色、材料、工艺等的基本要求。

第二节　实习必备基础知识

本节重点讲述单张纸胶印、凹印印刷生产任务单中有关纸张裁切开数、印刷自翻版与滚翻（天地翻）的基础知识。

一、纸张裁切开数与裁切尺寸

单张纸胶印、凹印生产任务单上承印物裁切尺寸是必不可少的信息之一，生产部的工艺员要根据订单信息来准确计算活件的印张数，从而选择适当幅面大小的印刷机台、确定纸张裁切尺寸、计算每一印张需要的纸张数量，并将其换算为令数。本节以 787mm×1092mm 规格的纸张，即正度纸为例列出 2 ～ 10 开未光边的纸张开数尺寸，单位均为 mm（见图 2-1）。

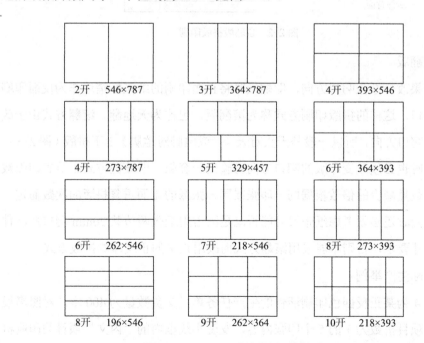

图 2-1　2 ～ 10 开未光边纸张开数尺寸

二、印刷自翻版与滚翻（天地翻）

1. 自翻版

一般的双面印刷活件正面与背面分别拼在一个印张（或一张纸）的正面与反面分两次印刷。当一个活件的印张数出现0.5印张、0.25印张、0.125印张这样非整数印张时，工艺员会根据活件印数多少、印刷机的幅面大小等信息，要求将这些非整印张的页面内容按折手规则，全部拼在一个印张（一张纸）的同一面上（图2-2），只输出一套分色版。印刷完一面后，不用换版，等干后，将纸张按照正常的左右翻面方式直接印刷，这样印刷出来的半成品正反面的内容完全相同，相当于将一张纸上印出了一倍、两倍或四倍于半成品的数量，这时生产任务单上的印刷正数要相应地减一倍、两倍或四倍。这种印刷翻面时，不改变纸张的叼口方向，将纸张左右翻转后，再上机印刷反面的拼版印刷方式称为自翻版。

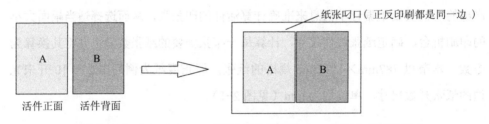

图2-2 自翻版拼版印刷

2. 滚翻版

而如果改变纸张叼口方向，即翻纸时将正面印刷的纸张拖梢边作为反面印刷的纸张叼口，这样的拼版印刷方式称为滚翻版，也称为天地翻。滚翻方式由于改变了纸张叼口方向，所以一般是天头对天头（或地脚对地脚）上下拼版（图2-3），印版输出时也必须改变印版的叼口方向再输出一套版，即滚翻方式不节省印版数量，印刷数量减少的倍数根据同一印张或同一张纸的正面重复拼版的次数而定。滚翻方式同时还必须考虑纸张尺寸能否满足因占用纸张两边共20mm叼口后活件的成品尺寸要求，否则不能采用滚翻方式而改用正常的正反印刷拼版方式。

3. 实际生产举例

图2-4为某正反四色印刷活件的生产任务单，交货数量为400本。对照虚线框内正文项目拼数为1的5个印张内容，发现实线框内的"内文"项目的印刷机

台要求中印刷方式为"自反"（即自翻），拼数为 2 拼，所以印张正数就减少 1 倍，由 400 张变成了 200 张；再看版房要求实线框内印刷方式为"自反"（即自翻）版数为 4，而不是 8 张印版。

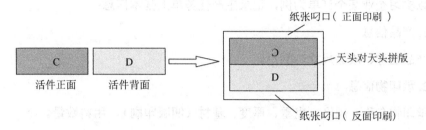

图 2-3　滚翻版拼版印刷

北京印刷学院 BEIJING INSTITUTE OF GRAPHIC COMMUNICATION　生 产 单

生产单号	SCD-211126002		订单编号	DD-211126002		业务员	q
印品名称						成品尺寸	210*285
要货数量	400		单位	本		交货日期	
客户名称			工单号			下单日期	

切　纸

项目	物料名称	品牌	规格	开纸尺寸	小张数	用料数量	物料来源
封面	200g铜版纸		880*1230	438*307	650	0.163令	主料库
内文	128g铜版纸		880*1230	595*438	3250	1.625令	主料库
内文	128g铜版纸		880*1230	595*438	350	0.175令	主料库

版　房

项目	套数	上机开数	印刷方式	版数
封面	1	8	正背	8
内文	5	4	正背	40
内文	1	4	自反	4

印品说明		客户提供	
拼晒要求		制作要求	

印　刷

项目	正色+背色	印刷方式	上机开数	拼数	印张正数	印刷加放	装订加放	合计印张	机台	备注
封面	4+4	正背	8	1	400	250	0	650	海德堡	
内文	4+4	正背	4	1	400	250	0	3250	樱井	
内文	4+4	自反	4	2	200	150	0	350	樱井	

要　求

印刷工艺要求		质检要求	
印后工艺要求	哑膜骑订44P	送货包装要求	
备注			

下单人	q	审核人	q

版房 纸张 施乐科美 HP 海德堡 樱井 BB 288 印后　　　　软件研发单位：北京工信信息技术有限公司

图 2-4　自翻版拼版印刷生产实例

第三节　实习记录

以实习企业某个订单为例，记录生产任务单上基本信息：

1. 产品信息

产品名称、成品尺寸、颜色。

2. 承印物信息

承印物名称、规格、克重、厚度、基材（凹版印刷）、用料数量。

3. 油墨、溶剂信息（凹版印刷）

油墨类型、油墨颜色名称、专色油墨名称、油墨黏度（凹版印刷）、溶剂（凹版印刷）。

4. 印刷机台信息

机台名称／设备名称、正反印刷、各面色数、印数、加放；印版信息。

5. 后加工工艺信息

设备名称、工艺名称、数量、印后加放。

6. 包装产品的其他特殊信息

完成一个完整的跟单流程，用一张空白的任务单反复练习填写，直到能理解并写出正式任务单中大多数基本信息。

第3章 印前设计部

第一节 实习导语

　　本章主要介绍书刊印前设计与通用包装设计的基本要求，其中书刊印刷印前设计内容是生产实习的传统项目，也是实习基本的必备技能之一。而包装是一切事物的外部形式，是以包装对象的功能和作用为其核心内容的，包装要素有包装对象、材料、造型、结构、防护技术、视觉传达，因此包装设计相对比较复杂，在商品和艺术相结合的双重性要求方面具有综合性非常强的特点和较高的要求。包装印刷产品的印前设计生产实习大多数条件下是指产品包装盒、包装箱的平面装潢设计，因此它与书刊设计软件、页面要素排版、数码打样等方面又有通用要求。由于包装印刷产品类型比较多，常见的有普通折叠纸盒产品包装、烟包、塑料包装、瓦楞纸箱等，印前平面设计要考虑产品外型、所使用的材料和印刷方式等特点，也需要设计人员、制版部门或厂家、印刷生产部、用户的共同协商来完成，所以本书中不能一一列出，仅以瓦楞纸板柔性版印刷的印前设计为例，生产实习中可以参考包装产品相关标准、书刊印刷印前设计的流程进行记录。

第二节 实习必备基础

印前设计是书刊印刷工艺流程的第一个环节，主要完成原稿分析、图文输入、图文处理、数码打样等工作。首先，页面设计排版时产品的成品尺寸设置离不开纸张规格、开本尺寸；其次，无论哪种类型的产品设计与排版，页面都包含图像、图形、文字这三个要素，每个要素的属性要符合数字化工作流程 PDF/X 规范要求。

一、国家对书刊印刷的设计要求

CY/ T 200—2019《书刊印刷通用设计规范》中"4. 设计要求"包含以下规定：

1. 书刊设计应适合书刊印刷和印后加工设备、材料及工艺的要求，满足印刷装订质量要求；

2. 书刊通用开本尺寸应符合 GB/T 788—1999 和 GB/T 18358—2009 的要求（表3-1）。

表 3-1 GB/T 788 一般图书和期刊杂志开本及其幅面尺寸　　　　单位：mm

系列	未裁切单张纸尺寸	已裁切成开本	
		代号	公称尺寸（允差 ±1mm）
A	890 × 1240M	A4	210 × 297
	890M × 1240	A5	148 × 210
	890 × 1240M	A6	105 × 144
	900 × 1280M	A4	210 × 297
	900M × 1280	A5	148 × 210
	900 × 1280M	A6	105 × 144
B	1000M × 1400	B5	169 × 239
	1000 × 1400M	B6	119 × 165
	1000M × 1400	B7	82 × 115

注：1. 表中未裁切单张纸尺寸后面的 M 表示纸张的丝缕方向与该尺寸边平行。

2. 义务教育（1～9 年级）教科书的幅面尺寸应采用上表中的 A5 和 B5；高中教科书的幅面尺寸应采用上表中 A4、A5 和 B5。

GB/T 18358—2009 标准中则规定了标准的中小学教科书幅面尺寸 A4、A5 和 B5 对应的版面基本参数，幅面尺寸为 184mm×260mm 的非标准中小学教科书版面基本参数。

3. 考虑到印刷与印后加工及成本控制，宜依据常用原纸尺寸进行开本设计。这一条规定为大部分图书期刊、非出版物图册、单页（商业广告等）、卡片等设计提供了比较经济的成品尺寸数据，供设计排版人员参考（表 3-2）。

表 3-2　书刊常用开本及成品尺寸　　　　单位：mm

原纸尺寸	不同开本成品尺寸						
	8 开	12 开	16 开	24 开	32 开	48 开	64 开
787×1092	260×376	255×260	185×260	165×180	130×184	124×127	92×126
850×1168	280×406	275×280	203×280	185×205	140×203	135×137	101×137
880×1230	296×420	285×296	210×296	195×210	145×210	140×145	105×144
889×1294	285×420	285×290	210×285	190×210	142×210	140×142	105×138
1000×1400	338×490	325×338	243×340	223×243	165×243	160×165	119×160

4. 对页面三要素属性的要求：

1）颜色模式：用于印刷的彩色图像宜采用 CMYK 颜色模式；单色图像宜采用灰度或二值图像颜色模式；矢量图形、文字等颜色的填充、描边宜采用 CMYK 颜色模式。

2）图像：用于印刷的彩色或灰度图像分辨力应不低于 300ppi（118 像素 / 厘米），宜不高于 450ppi（177 像素 / 厘米）；二值图像分辨力宜不低于 1200ppi（472 像素 / 厘米），宜不高于 2400ppi（945 像素 / 厘米）。

3）图形：应采用矢量方式描述；线条宽度宜不小于 0.1mm，反白线条宽度宜不小于 0.2mm；细线不宜多色叠印，宜仅用一种印刷原色或专色；填充色宜依据印刷色谱选用颜色。

4）文字：宜以嵌入或轮廓化方式处理字体，不宜采用位图格式；字号的选用应以清晰印刷再现为原则，字号不宜小于 5.5P（7 号）；细小文字宜仅使用一种印刷原色或专色，且不宜使用反白形式；黑色文字应采用单色黑；表格宜使用矢量方式描述。

5. 封面与书壳排版要求：

1）书背宽度小于 5mm 时不宜设计文字；书背文字宽度宜比书背宽度至少小 2mm。

2）书脊处不宜设计明显的分界线。

3）勒口宽度不小于 30mm；封面设计原色应延伸入勒口不小于 3mm。

4）书壳包边宽度以 15mm 为宜；32 开本及以下的飘口宽度宜为 3mm，16 开本的宜为 3.5mm，8 开本及以上宜为 4mm。

5）护封上下尺寸应比书壳高度小 0.5mm 等。

6. 书芯排版要求：

1）出血尺寸应不小于 3mm。

2）版心应根据书刊装订形式和裁切要求，确定上下左右留白且边空不小于 7mm。

3）页码不应放置于订口侧，近切口的字边离切口应不小于 3mm。

4）拉页折叠厚度会对书刊整体装订产生影响，宜不超过 2 折；拉页折叠后应缩进成品尺寸 1.5mm。

5）无线胶订版心设计应考虑订口预留 5mm，跨页图像应考虑胶订订口的铣背深度 1.5mm；打孔装版心设计应考虑订口预留 6mm。

6）书芯厚度超过 5mm 不宜选用骑马订或采用分册骑马订进行装订，使用骑马订或锁线订的书刊页数应为 4 的倍数；装订方式为胶订时，书芯厚度超过 45mm 宜分册装订。

7. 应分别制作烫印、压凹凸、模切、局部上光等工艺内容的文件，并标明工艺要求。

1）烫印最小线条宽度应考虑不同承印物再现能力，一般不宜小于 0.2mm，烫印面积宜小于成品面积的 1/3。

2）局部上光、压凹凸设计应考虑与所覆盖图案的套合关系，避免错位。

二、书刊设计排版所使用的软件、专业字库

常用设计排版应用软件有 Adobe Photoshop、Adobe Illustrator、Adobe InDesign、CorelDRAW、QuarkXPress 和方正飞腾等，印前检查需要安装 Adobe Acrobat 软件。常用专业字库有方正字库、汉仪字库等，与后端 RIP 输出的字库保持一致。

三、印前检查

1. 印前检查的目的、配置文件及检查项目

主要目的是对已经设计制作完稿的电子文件进行全面检查，以确保该电子文件能够正确地输出图文。印前检查之前先将应用软件格式转换为 .pdf 格式，然后在 Adobe Acrobat 软件中选择或新建印前检查配置文件（图 3-1），并根据实际应用设置要求检查的选项如文档、页、图像、颜色、字体、渲染、PDF/X 规范等参数。

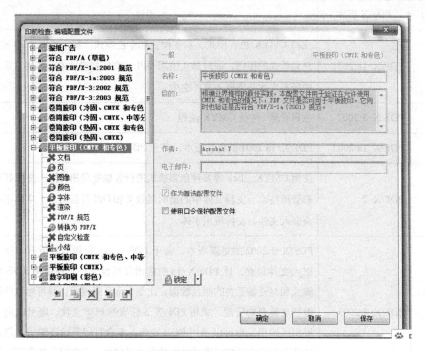

图 3-1　印前检查配置文件及需要检查的选项

2. PDF/X 标准规范

（1）PDF/X 标准规范制定的目的和意义

不同的印前软件 Photoshop、Illustrator、InDesign、CorelDRAW 和 QuarkXPress

等使用不同方法生成的 PDF 文件在版本、功能、参数上存在着较大差异，而且 PDF 文件支持各种数字页面元素，其中有如音频、视频等许多与印刷无关的元素，若不进行限制，则在后期印刷流程中会出现很多奇奇怪怪的问题，所以创建适合印刷标准的 PDF 文件在印刷生产流程中显得非常必要，ISO（国际标准化组织）、ANSI（美国国家标准委员会）和 CGATS（美国印刷技术标准委员会）组织和制定了统一的（ISO 15930）文件来规范 PDF 文件格式，其目的是使印刷数据交换更加可靠、更加安全。目前 PDF/X-1a、PDF/X-3 和 PDF/X-4 已经成功应用到商业包装印刷领域，很多印前软件及 PDF 工作流程都兼容该标准。

（2）PDF/X 标准规范

PDF/X 标准规范常用版本与用途见表 3-3。

表 3-3 PDF/X 标准规范常用版本与用途

序号	PDF/X 版本	用途
1	PDF/X-1a:2001	支持 CMYK 色彩模式、灰度模式和专色模式，禁止使用 RGB 或 Lab 色彩模式的图像，同时禁止使用 OPI 与文件加密技术，并要求所用到的所有字体必须嵌入文件之中
2	PDF/X-3:2002	色彩管理 / 传统 CMYK 流程
3	PDF/X-1a:2003	PDF/X-1a:2001 的更新版本，基于 PDF v1.4
4	PDF/X-2	使用 CMYK、Lab 等多种色彩模式进行数据处理和转换，支持 ICC 色彩管理技术、支持文件中的透明层效果和 OPI 外部对象，字体不必完全嵌入文件，支持所用字体
5	PDF/X-3:2003	PDF/X-3:2002 的更新版本，基于 PDF v1.4，所用到的所有字体必须嵌入文件保存，比 PDF/X-1a 的应用灵活性大，允许使用 RGB 色彩模式和与设备无关的颜色数据，比如 Lab 色彩模式，并可对这些颜色数据实施色彩管理。采用 PDF/X-3 标准的 PDF 文件，既可以用于印刷出版输出，也可以采用 RGB 设备、复合打印等设备输出。但是，这种适合于多种应用设计输出的方式虽增加印前数据文件交流与使用的灵活性，但同时，也会增加出错的概率，应用时要特别注意

序号	PDF/X 版本	用途
6	PDF/X-4	规定所用到的所有字体、图像数据必须嵌入文件内（允许嵌入 OpenType 字体），允许使用透明度处理及图层技术，允许使用 CMYK、RGB、Lab、灰阶、专色或基于 ICC 的色彩模式，允许有选择地使用 16 位的图像数据（可能在某些 RIP 系统中出现计算错误），不支持 OPI 技术和文件加密技术，不容许包含 JavaScript 代码、音乐、视频或不可打印的说明信息。PDF/X-4 标准的应用灵活性较大，同样也会增加出错的概率。PDF/X-4 与 PDF/X-3 标准相似，但最大区别是 PDF/X-3 不支持透明对象和图层技术，且 PDF/X-4p 采用外联方式输出 ICC 色彩描述文件。当 ICC 文件采用内嵌方式时，则属于标准的 PDF/X-4 文件
7	PDF/X-4p	规定与 PDF/X-4 相同，可把颜色描述文件及图像数据置于文件外

从表 3-3 中可以看出各 PDF/X 版本都有不同的地方，选用哪一个标准，需要先了解输出时的工作流程，使用传统的 CMYK 输出流程和使用色彩管理流程的标准并不一样，因此，需要根据本企业实际情况和用途来进行选择和使用。

如果在设计排版时已事先处理好颜色转换，在文件中使用统一的 CMYK 模式，那便可使用 PDF/X-1a（图 3-2）。完成文件后转换成 PDF/X-1a，如能成功转换，表示文件的内容只有 CMYK 及特别色（专色），并没有其他色彩模式的对象。

如果在工作流程中需要保留文件内每个对象的原有色彩模式，直至输出时才作色彩转换的话，则可选择使用 PDF/X-3。PDF/X-3 档案可包含多个不同色彩模式的对象，这与上述的 PDF/X-1a 有着明显的分别。使用 PDF/X-3 可把原稿的颜色保留在 PDF 档案中，直至输出时才把档案内容转换成 CMYK 或印刷的颜色，可以保持原稿的原色，对修改颜色也有好处。不过在使用时，必须清楚文件的颜色设定，图像、图形、文字等使用的色彩及"输出色彩比对方式"的要求。

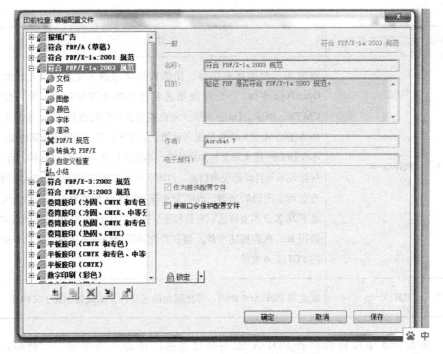

图 3-2　PDF/X-1a:2003 规范的配置文件

在 PDF/X 的规范中，并不包括页面尺寸、文字、图像分辨力、特别色（专色）数量、油墨总用量等的使用规限，所以在转换成 PDF/X 后，需自行检查上述元素是否符合印刷及印件的要求，或可配合 JDF / MIS 软件的自动化功能，把文件转换成 PDF/X 档案，并检查以上内容（图 3-1）。

关于色彩管理的实习内容没有在本书中出现，是考虑到色彩管理本身是一个非常复杂的系统工程，各企业理解和采取的方法不统一，加上生产实习的周期较短，短期内学生很难接触到这部分内容。

四、数码打样

印前实习中数码打样的操作简单、易上手，可参考 EPSON-P6080 数码打样的操作过程完成相关的实习记录。

1. 开机

1）去掉喷头保护板，将小车从保湿底座上取下；

2）先打开电脑，再打开数码打样机电源；

3）按下启动按钮，启动数码打样机。

2. 试打印

1）打开软件，在打印软件中进行必要的参数设置，主要包括：选择纸张规格，设置在材质边缘打印彩条，设置打印白边的距离等；

2）清洗喷头，打印喷头测试条，包括喷头状态图、打印偏移、步进偏移，将喷头与偏移值调试到最佳状态；

3）正式打印前先进行一幅小画面的喷绘，这样做的好处是可以起到使喷头预热的作用，从而增加墨水的流畅性。

3. 颜色校正

打开 ORIS COLOR TUNRE//WEB，选择适当的 ICC 文件和目标色靶，设置好黑色分色参数，打印色靶文件，用 Eye-One iO 测量打印结果中的色块，根据色差评价结果判断是否需要对设备进行优化，若色差评价通过预设标准，则系统自动选择“我对结果感到满意”，完成校色。若色差评价结果中不正常的色块数 ≥ 1（图 3-3），则必须重新进行校正，且第二次校正需对设备进行线性化处理，直到出现满意结果。

ORIS CERTIFIED // WEB - 比较目标颜色 /实际颜色 - （第 1 页，共 2 页） CGS

色标	CMYK 值				目标值			实际值			偏差							
	C	M	Y	K	L	a	b	L	a	b	dL	da	db	dH	dC	dE2000	公差	正常
A1	100	0	0	0	54.99	-37.00	-49.99	55.42	-36.24	-48.57	0.43	0.76	1.42	-0.24	-1.59	0.59	3	正常
A2	70	0	0	0	66.86	-24.72	-37.08	66.53	-24.96	-36.12	-0.33	-0.24	0.96	-0.74	-0.66	0.49	3	正常
A3	40	0	0	0	79.72	-12.54	-21.72	79.00	-12.75	-21.28	-0.72	-0.21	0.44	-0.40	-0.27	0.58	3	正常
A4	20	0	0	0	87.69	-5.79	-11.79	87.43	-6.33	-11.73	-0.26	-0.54	0.06	-0.51	0.19	0.58	3	正常
A5	10	0	0	0	91.47	-2.96	-6.96	90.93	-3.36	-7.28	-0.54	-0.40	-0.32	-0.24	0.45	[illegible]	3	正常
A6	0	100	0	0	47.98	74.02	-2.94	47.91	74.54	-5.42	-0.07	0.52	-2.48	-2.45	0.66	0.98	3	不正常
A7	0	70	0	0	60.84	50.65	-6.71	60.66	49.84	-6.97	-0.18	-0.81	-0.26	-0.37	-0.77	[illegible]	3	正常
A8	0	40	0	0	76.42	25.78	-6.91	76.10	25.88	-6.86	-0.32	0.10	0.05	0.07	0.08	0.24	3	正常
A9	0	20	0	0	86.14	12.06	-5.23	85.60	12.14	-5.20	-0.54	0.08	0.03	0.06	0.06	0.36	3	正常
A10	0	10	0	0	90.65	5.92	-3.84	89.97	5.70	-3.84	-0.68	-0.22	0.00	-0.12	-0.18	0.49	3	正常
A11	0	0	100	0	89.02	-4.99	93.00	89.08	-5.69	92.15	0.06	-0.70	-0.85	0.75	-0.81	0.43	3	正常
A12	0	0	70	0	90.35	-4.69	62.54	89.99	-5.31	60.75	-0.36	-0.62	-1.79	0.76	-1.73	0.70	3	正常
A13	0	0	40	0	92.20	-3.50	31.15	91.70	-3.56	29.46	-0.50	-0.06	-1.69	0.26	-1.67	0.79	3	正常
A14	0	0	20	0	93.60	-1.66	13.29	93.25	-2.44	13.60	-0.35	-0.78	0.31	0.72	0.42	0.98	3	正常
A15	0	0	10	0	94.34	-0.93	5.44	93.81	-1.21	5.40	-0.53	-0.28	-0.04	0.28	0.01	0.51	3	正常
A16	0	0	0	10	88.95	-0.05	-2.02	88.90	-0.27	-3.27	-0.05	-0.22	-1.25	-0.15	1.26	1.16	3	正常
A17	0	0	0	20	82.77	-0.13	-2.00	82.38	-0.34	-3.36	-0.39	-0.21	-1.36	-0.09	1.37	1.27	3	正常
A18	0	0	0	40	69.26	-0.16	-1.98	68.78	-0.21	-2.92	-0.48	-0.05	-0.94	0.02	0.94	0.93	3	正常
A19	0	0	0	60	54.13	-0.13	-1.12	54.29	-0.61	-1.60	0.16	-0.48	-0.48	-0.34	0.58	0.83	3	正常
A20	0	0	0	80	36.61	-0.04	-0.57	36.28	-0.18	1.68	-0.33	-0.14	2.25	-1.96	1.12	2.22	3	正常
A21	0	0	0	100	15.99	-0.06	0.01	15.30	-0.90	1.27	-0.69	-0.84	1.26	-0.24	1.50	1.77	3	正常

图 3-3　色差评价结果

4. 正式打印文件

5. 关机

1）保存打印控制软件中的打印设置；

2）按下急停按钮 3s 以上；

3）最后关闭数码打样设备电源开关，再关闭电脑。

五、瓦楞纸板柔性版制版的印前设计

瓦楞纸板柔性版制板设计中应根据瓦楞纸板的特点，综合考虑各方面的影响因素。

1. 抗压强度

抗压强度是指瓦楞纸板可承受的最大压力，是检验瓦楞纸板堆码是否合理的重要指标。瓦楞纸板在印刷后抗压强度会明显降低，是因为柔性版印刷所使用的是环保水性油墨，瓦楞纸板在印刷过程中会被润湿，印刷面积越大，瓦楞纸板吸收油墨中的水分越增加，从而造成抗压强度的降低。

因此设计中应首先避免大面积印刷版面，在能够充分表现产品特点的前提下，尽可能将印刷色数减到最少。另外，印刷图文的线条应与瓦楞的楞向垂直，可以有效避免印刷压力对瓦楞纸板抗压强度的破坏。

2. 高弹性易变形的特点

瓦楞纸板材料具有高弹性且易变形，在印刷压力作用下网点增大严重，表现为高光网点易丢失，暗调网点增大严重甚至出现糊版现象。因此设计时图文高光网点应不小于 4%，暗调网点应控制在 85% 左右。

3. 印刷套准

考虑到需要套印的细小文字和图案、互补色的套印等因素，在套印的图形上制作陷印，通常在 0.3mm 左右。所以设计时尽量使用矢量软件更方便进行陷印设计。

4. 平网和实地色块

同一种颜色既有平网色块又有实地色块，且颜色较深时，印刷往往需要分别制成两块板，所以虽然是同一个色相的油墨，印前设计也要将其设计为两个颜色。

5. 印版变形补偿

柔性版安装在圆柱形印版滚筒上，印版沿着滚筒表面产生弯曲变形，在印刷压力作用下，图文沿印刷方向（圆周方向）的尺寸被伸长，而滚筒轴向尺寸基本

不变，造成印刷出来的尺寸与客户要求的不符合，所以对于精细产品必须采取补偿措施，印前设计根据印版伸长率在印刷方向尺寸中减去相应值来补偿。

第三节　实习记录

以生产实习中某个包装产品为例记录以下内容：

1. 国家对该产品包装的设计要求。

2. 设计所使用的软件、字库。

3. 该产品印刷工艺的特点、特性，各种印刷工艺的极限数值、补偿值与印刷效果。

4. 该产品特效的设计、专色的应用、专色叠色的应用、补漏白（陷印）的设计、打底色不打底色、透明色（透明黄）等设计思路。

第**4**章 制版部

第一节 实习导语

  印刷制版是印前的工艺流程之一，是将原稿复制成印版的统称。印版的作用是将油墨转移至纸张上形成印刷图文的载体。印刷版材的制备就是要形成能转印油墨的亲油图文部分和亲水的空白部分。例如，平版印刷是利用油水不相容的原理，通过对印版先上水后上油墨的工艺顺序，将图文部分和空白部分分离，在印刷压力的作用下，图文部分黏附的油墨，能顺利转移到承印物上（如纸张），实现图文再现，这就是平版印刷中印版的功能。由于印刷方式的不同，因此印版主要被分为凸版、平版、凹版和孔版。

  传统的制版工艺是将图像经照像或电子分色获得底片，用底片晒制凸版、平版、凹版等一系列的制版方法。随着计算机直接制版技术（CTP）的发展，数字化印刷制版技术的普及以及生产效率提升的要求所需，传统制版工艺技术已经逐步退出市场。CTP技术在国外应用较早，国内推广已经近20年，现今CTP设备价格的下降和对应版材国产化率的提高，该技术的使用者从大规模高档印企，也转向了中小印企，已经成为当前主流的制版技术。学生参与生产实习时，在制版部门所接触到的制版技术，绝大多数也应当是 CTP 制版工艺。本章主要以用量较大的平版胶印 CTP 制版和包装印刷中柔性版制版流程相关操作为例，介绍相关设备操作方法，以指导学生在印企进行生产实习时应重点完成的实践内容。

第二节 实习必备基础知识

一、平版胶印的 CTP 制版

在制版车间，平版胶印 CTP 印版生产主要流程有：

（1）印前生产单的制作；

（2）小版文件改版和拼大版等；

（3）输出打样；

（4）校对审查；

（5）输出曝光制版；

（6）冲版显影；

（7）封胶等工序。

这几个步骤中，在输出曝光前，主要会运用到数字化工作流程系统，曝光机和冲版机等设备。数字化工作流程以《方正畅流 v5.0》软件进行介绍，曝光机和冲版机主要介绍相关的机器品牌和操作流程。

1. 数字化工作流程系统及操作

通过畅流工作流程，可让印前各个处理环节或工序像流水线一样流畅、高效地运作。畅流以作业或称作业传票为平台搭建工作流程，从中定义流程包含的工序、工序顺序、工序处理方式，并实现文件的提交、处理、监控与输出，及对各工序输入输出文件的管理。工序由畅流处理器担任，如规范化器、折手、拼版、预飞、陷印、挂网、打样等，具体到作业中，称为作业传票处理器（JTP，或节点），可产生灵活的组合与衔接，形成各式各样的工作流程，以应对客户的多种业务需要。

（1）建立作业

请单击导航栏中的"作业导航器"图标，切换视图。然后在新视图下，单击"新建"按钮，弹出"新建作业"对话框（图4-1）。

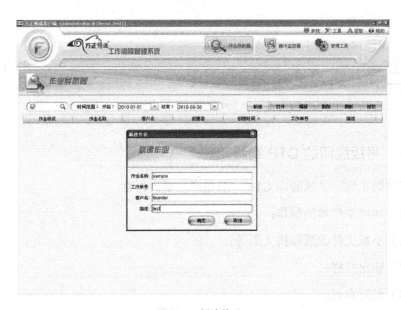

图 4-1　新建作业

输入作业名称，然后单击"确定"，系统将自动打开作业的操作窗口（图4-2）。

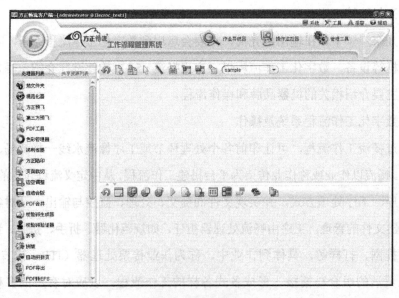

图 4-2　作业窗口

（2）建立工作流程（图4-3）

①添加节点：节点代表处理工序。在左侧处理器列表中选择一个处理器，然后直接拖曳至右上侧区域，便可使之成为作业流程中的一个节点。请按此方法，将流程中要包含的其他节点逐个添加至作业中。

②连接节点：将已添加的节点按先后顺序连接起来，形成流水线。选中上方工具栏中的"连线"工具。将光标移至起始节点上方，点击并按住左键，然后拖动鼠标至要连接的下一个节点。若两个节点可以相连，它们之间将出现一个箭头，以示流程的顺序。

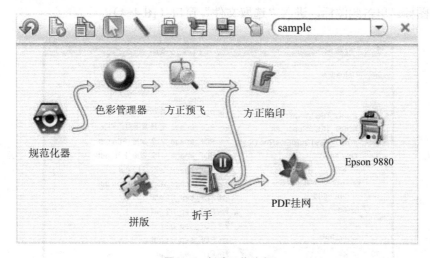

图4-3　创建工作流程

建立流程后，一个节点完成其处理任务后，便会自动地将处理后的文件转交给流程中的下一节点，直至完成流程中所有环节的处理任务，实现全自动化的处理，提高生产效率。

③节点参数：用于决定节点如何处理文件的一套参数。在处理开始前，应根据需要提前设定各个节点的参数，以便它们能够按预期正确输出文件。对于绝大多数节点而言，如规范化器、折手、拼版、方正预飞、方正陷印、色彩管理器、挂网、打样等，双击节点，便可打开其参数设置窗口（图4-3）。

规范化器是流程中不可或缺，且通常位于起始位置的节点，可将 PS、EPS、PDF、TIFF、PRN、S2、PS2、S72 等文件，转换成格式一致的 PDF 页面文件。折手可将组成书帖的多个页面按一定的页序组拼在一张大版上，大版经过折叠，便可形成书帖。在设置折手参数前，可能需要通过客户端主菜单"工具">"模板管理器"创建一个折手模板。拼版节点独立存在，将多个页面手动提交给该节点，可将其组拼在一张大幅面的版面上输出，节省纸张。方正预览设计用于印前检查，根据定义的预览规则对页面进行检查，生成预览报告，以避免发生印刷事故，有效弥补印刷时因套印不准产生的漏白。色彩管理器提供针对 PDF 页面的色彩管理能力，保证、增强印刷的色彩质量。挂网可将 PDF 页面转换为点阵文件。打样可利用彩色打印机模拟输出印刷样张。

④选取文件：选中作业中的规范化器节点，将激活下方工具栏中的"选取文件"图标。单击此图标，进入"选取文件"窗口（图4-4）。

图4-4　选取文件

在某个路径下，双击文件，或选中文件后，单击"选取"按钮，便可将文件加入畅流工作流程。此处的路径需通过服务器端控制台预先指定。其中，Upload是默认的文件上载目录，用户可事先将源文件上传至此共享文件夹。选取后的文件位于规范化器节点下的输入队列。

⑤提交文件：若选取时勾选了"选取文件后自动提交处理"，选取后，源文件将被自动提交给规范化器进行处理。在流程中，若没有节点被"暂停"，每个节点在完成其本身的处理工作后，均会将处理后的文件自动提交给相连的下一个

节点进行处理。若选取时未勾选"选取文件后自动提交处理"，选取后，需手动将进入流程的文件提交给流程进行处理。首先，在规范化器节点下，单击工具栏"运行"图标，可提交节点下的全部源文件。其次，在源文件队列里选中要处理的文件，然后单击右键，从弹出的菜单中选择"提交"，此时仅提交选中的那部分文件。最后，选中要提交的那部分文件，然后拖曳至流程中的规范化器节点上。

⑥处理文件：提交文件后，节点便开始处理了。此时弹出处理信息窗口。用户可从节点图标颜色的变化，或下方的信息提示中，查看处理的进度。处理过程中，若出现异常或错误，节点图标会变成红色，文字信息也会变成粉色或红色，并可能弹出报警窗口，或者中断处理进程。通过"停止"按钮，可随时中断正在进行的处理（图4-5）。

图4-5　处理信息窗口

⑦文件操作：通过右键菜单命令，可对规范化器生成的，或经预飞、陷印、色彩管理器等节点进一步处理的 PDF 页面文件，经折手、拼版等处理生成的大版文件，以及挂网输出的点阵文件，进行诸多的操作。使用鼠标左键按住预览图不放的方式可快速预览页面。在折手节点下，选中输入队列里的一个或多个 PDF 页面，通过右键命令，可成书预览，像翻书似的预览小页（图4-6）。

⑧大版预览：除像预览页面那样预览之外，还可同时选中正背两个大版，通过右键菜单命令"正背预览"，查看正、背面的合成效果，如套准标记是否对齐等（图4-7）。

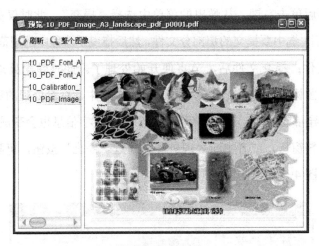

图4-6　页面预览

图4-7　大版正背预览

⑨ PDF 比较：对两个可包含多个页面的 PDF 文件进行对比，以发现它们之间存在的差异。通常用于比较同一文件在修改前后的变化。建议用户在比较时使用 Adobe Acrobat 9.0 或以上版本。畅流在完成比较后，将生成一份比较报告。通过注释和各种符号标记，可直观清楚地查看两者的差异（图4-8）。

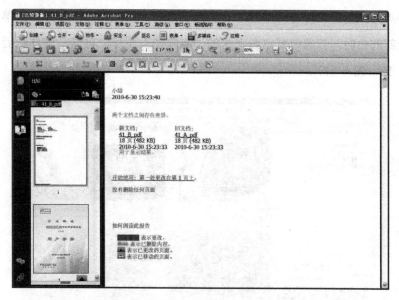

图 4-8　PDF 比较

　　⑩页面替换：此功能由"比较"和"替换"两部分组成，在替换前进行准确的对比，可帮助用户明确页面间的差异，减少失误。更多的 PDF 页面操作包括查看页面信息（可导出专色信息）、PDF 下载、分色调整、增加为标记、复制、粘贴等（图 4-9）。

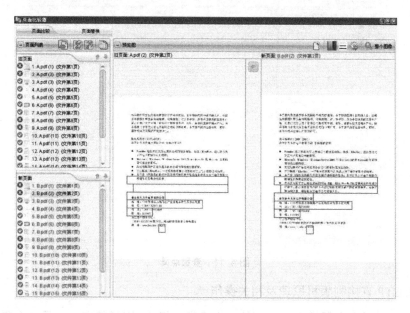

图 4-9　页面替换

⑪点阵预览：也可打开单独的窗口预览点阵。预览时，可分开预览单个、部分或全部的色面。若选中窗口右上角的"点阵图"图标，可显示该挂网后的点阵（图4-10、图4-11）。

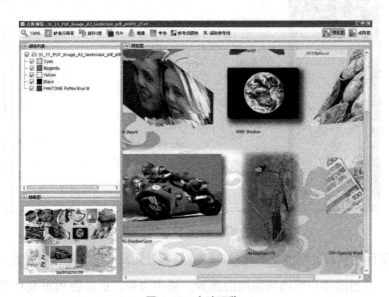

图4-10　点阵预览

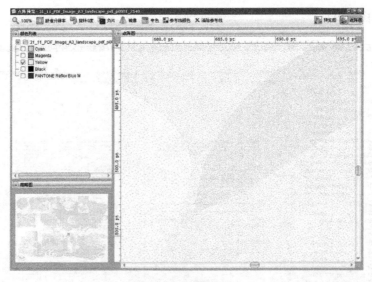

图4-11　查看点阵

2. CTP 直接制版机原理及相关操作

CTP印版由铝版基底和表面的感光成像层组成,铝版基底本身是一个亲水层。

制版的过程就是通过对感光层选择性曝光，使其发生一系列光化学、物理变化而成像，然后经过显影等后处理工序，除去部分感光层，露出铝版基底得到亲水的空白部分，而未除去的感光层则为亲油墨的图文部分。当前，CTP 制版技术曝光光源分为波长 405nm 的紫激光和波长 830nm 的红外激光，对应的版材分别为紫激光 CTP 版材和热敏 CTP 版材。

（1）热敏 CTP 制版原理

热敏 CTP 版材因其具有能在明室操作、印刷分辨率高及耐印力好的优势，目前成为 CTP 技术的主流品种，自 20 世纪 90 年代中期推出以来，已在印刷业界广泛应用，其制版原理如图 4-12 所示。

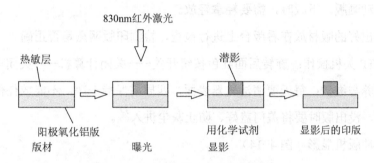

图 4-12　热敏 CTP 版材的制版原理

以柯达 CTP 制版机为例介绍其操作流程，制版机样式如图 4-13 所示。

图 4-13　热敏 CTP 制版机

（2）主要操作流程

①CTP开机顺序：打开UPS电源，打开风机——打开空压机——启动计算机——CTP后面红色的旋转开关——打开出版软件，等待3分钟左右便可以出版。

②打开相关输出软件，检查软件和机器的状态，根据工单选择正确输出"活件"和对应的CTP版材，并执行输出操作。

③制版前检查：版材是否平整，表面是否有刮花、是否有白点。印版的尺寸：根据印刷机的幅面选择不同规格的CTP版材，如常见的CTP版材规格有1630mm×1260mm，1030mm×790mm，1050mm×795mm，厚度都是0.3mm。

④CTP上版操作：上版时，需要把版材的下沿对齐机器的边缘及牙口边，即进行自动晒版。下版时，需要轻拿轻放。

⑤将出好的版材放在看版台上进行检查，检测印版网点是否正确。

⑥CTP关机操作：旋转后面红色按纽开关——关闭计算机——关闭电源。

⑦保养与维护：每天要清洁机器表面，四周需保持干净，不能放任何杂物于机器表面，没出版时要将盖门盖好、防止灰尘进入等。

（3）冲版机显影（图4-14）

图4-14　冲版机

①过版之前先测显影液的导电率是否达标（根据机器和版材的标准来检查），检查各项指标是否达标。同时保护胶胶辊需开启自动清洗 5 分钟，以免过版时卡版。

②冲版机如果待机超过 1 个小时，在冲版之前先手动过废版 3 张；操作时版材要对准冲版机上的进版线，平行放入，过版用废版需平整、干净、无刮痕。

③冲版上胶，烘干完成后对取出的版材进行检查（图 4-15）。检查版材上面是否有杂点、刮伤以及版材是否洗干净，根据所附的蓝纸核对内容是否有缺少和异常。用印版测量仪测量指定网点数据；5%，40%，80%，100%，测量可接受误差 ±1。

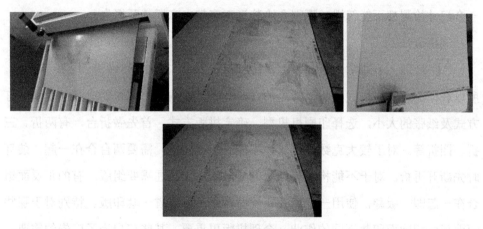

图 4-15　冲版机使用流程

（4）CTP 印版质量控制

CTP 制版技术的应用，给印刷企业带来了很大的便利，它缩短了工艺流程，提高了生产质量，降低了生产成本，在使用过程中，质量控制就显得尤为重要。

①图文

检查 CTP 版材需要将 C、M、Y、K 四色版同时展开，对彩色签字样进行分色检查；对于黑白签字样，将 CTP 四色版作为整体进行检查。整个版面的图形、文字、书眉、页码等所有信息必须与签字样完全符合，同时检查版面是否有乱码。乱码产生是由于所造字没有转成曲线，或是图文中某字体在发排字库里没有对应的字体（Post Script），因此对客户带来的电子文件，一定要了解是否有造字等特殊字体，在发排之前检查 RIP 文件，消除产生乱码的隐患。

另外，要检查折标、作业号、色标及台号说明是否在相应的位置，图文是否变形、交错，版面是否有脏污和凸凹痕迹。

②尺寸

依照客户提供的成品尺寸和订法，对 CTP 版材进行尺寸检测，包括夹刀尺寸和出血。对于骑订和锁线胶订，不需要考虑装订尺寸；对于胶订，胶订尺寸一般在 1 ~ 3mm，根据客户的成品尺寸和提供纸张大小确定。同时测量拼版后的整体尺寸，判定是否在所提供的纸张幅面之内。根据印刷机机型不同，确定叼口尺寸是否合适。同时检查版心位置，成品是否有易被裁掉的图文，只要距成品线大于 3mm 可视为安全。总之，尺寸的检测非常重要，尺寸就是版面规矩，任何一个尺寸检测都不能忽视，否则会给装订工序带来麻烦甚至损失。

③拼版

CTP 版面大小通常为对开以上，而实际成品尺寸有 32 开、16 开、12 开、8 开等，所以在印刷前需要拼成大版，常见的是对开版。根据客户要求的成品尺寸和装订方式及纸张的大小，选择印刷机机型，确定拼版方式。首先做折台，有两折、三折、四折等。对于较大克数的纸张，不能三折或四折，需要两台合在一起，装订时先断开再折。对于不能构成整印张的零散版面，往往需要组版。有的正反面组合在一起即一版翻，使用一套版在正反面印刷，可节省一套印版。特别对于那些幅面尺寸相同而印数不同的作业，合理拼版更重要。某些客户为了广告的需要，在不同的发行区域设计不同的四封版面，印数相近的直接拼在同一个版面上；如果印数不同，印数多的需要连二或连三，尽可能拼在同一个对开版面。

拼版时还要同时考虑成品尺寸、纸张尺寸和叼口尺寸。比如成品尺寸是 210mm×230mm，用纸幅面为 1230mm×880mm，不能采用通常的对开纸印刷，否则造成巨大的浪费。为了更有效利用纸张，需要大小开裁纸，720mm×875mm 和 490mm×875mm 两种，拼版分大小台，大台 4×3=12 页，小台 4×2=8 页。不论怎样拼版，图文的正反面一定要套合在一起，这是必须遵守的原则。

④网点

网点的检测指印版的分辨率和全阶调的网点再现。数字印版测控条是一种专门用于检测印版输出质量的有效手段，使用该测控条可以检测印版的分辨率、亮部到暗部网点的再现。印版分辨率是图像细微层次再现能力的标杆。当曝光、显影不足时，网点易表现为偏大，反之则偏小。实际工作中应提前对印版进行分辨率测试，借助测控条中的阴阳线标进行测试，以确定能够再现的最小网点直径。

在印版四周等间隔放置一系列实地条、网点梯尺，可以检测印版四周边缘的密度均匀性，密度变化可以反映印版曝光和显影的均匀状况。借助网点梯尺可以检测印版不同位置的网点再现状况，使用密度计测量梯尺网点面积率，比较不同印版的网点值，如果印版网点值变化很小或没变化，则说明系统状况好；如果发现印版网点值变化较大，则说明系统运行有问题，应检查激光光源和显影液，如有必要需更换光源或显影液。

数字化控制方法是 CTP 系统工作流程中必不可少的质量检测手段，借助数字制版控制条可以对 CTP 印版的成像质量进行有效的控制。

二、包装印刷的柔性版制版

柔性版印刷作为特殊的凸印方法，最初被称为"苯胺印刷"，以用苯胺染料制成的挥发性液体油墨而得名。20 世纪 50 年代后，聚乙烯薄膜出现并大量应用在包装上，又进一步促进了苯胺印刷的发展。随着苯胺印刷的逐渐成熟，印刷方法、使用设备和油墨不断完善，又研制出新型油墨。在印刷过程中，油墨从墨槽经输墨辊传到网纹辊上，再传到印版上，经与压印滚筒之间的接触，把油墨传递到承印物上。

柔性版发展经历了橡皮版到感光树脂版和数字感光树脂版的发展历程，当前应用最广泛的还是感光树脂版，它是由感光性树脂组成，经紫外光直接曝光，使树脂硬化，形成凸版形状。感光性树脂又称感光性高分子或光敏树脂，是指在光的作用下，能在很短的时间内发生物理和化学反应的高分子物质，一般都是发生光化学反应。

1. 柔性版材结构

感光性柔性版具有三明治般的结构，由聚酯支撑膜、感光树脂层和聚酯保护层构成。如图 4-16 所示。

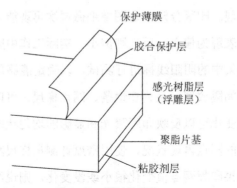

图 4-16　版材的结构

感光树脂层涂布在聚酯支撑膜上，感光树脂层的表面被一层可揭去的聚酯层保护。聚酯支撑膜和聚酯保护层保护版材在运输、裁切和背曝光过程中免受损伤。当聚酯保护层被撕下时，还有一层很薄的膜严实地铺在感光树脂层的表面，这样可以减少直接接触。当感光树脂层被紫外光照射时，感光树脂层发生光聚合反应。感光树脂牢固地附着在聚酯支撑膜上保证尺寸的稳定性，这样可以获得非常稳定的印刷套准精度。

2. 柔性版制作过程

柔性版由于是感光树脂版的一种，主要的制版工艺，要经过背曝光、主曝光、显影、干燥、后曝光、去粘等工序，柔性版制版机结构如图 4-17 所示。

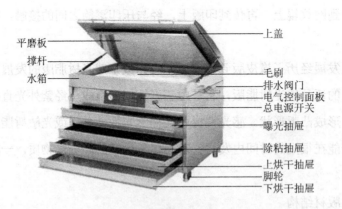

图 4-17　柔性版制版机的结构

（1）在无尘、干燥、恒温、地面平整的环境安放机器，固定前脚轮，打开机盖。调节毛刷：将清水或者新鲜溶剂注入水箱，高度为离毛刷顶部 1 cm，用手轻扶毛刷，使毛刷均匀湿透，再盖上机盖，停 1 秒后打开机盖，检查平磨板玻璃上的水渍痕迹，要求水渍均匀分布，如果不均匀请调节毛刷板周围 4 个带弹簧的固定螺丝，直到确定毛刷顶部和平磨板的玻璃均匀水平接触为止。毛刷调节完毕，排空清水，插上电源，打开电源开关，按下红色 POWER 键。

（2）背曝光：设置好曝光时间，拉开曝光抽屉，把裁剪好的柔性版，背面朝上放在曝光抽屉里的抽气板中央，把曝光抽屉轻轻推入，设置好曝光时间，按下曝光开关键，曝光开始。背曝光的目的是建立稳固的底基，也可控制洗版深度，加强聚脂片基与感光树脂层的结合力，获得耐用的印版。背曝光时间根据需要的底基厚度确定。

（3）主曝光：

①拉开曝光抽屉，卷起真空膜，把背曝光好的柔性版，一次性连贯地撕开上层保护层，正面朝上放在曝光抽屉里的抽气板中央。

②把胶片药膜面朝下放在版材上，版材面积必须稍微大于胶片面积，用 1 ~ 2cm 宽导气条盖住版材和胶片接触的地方，导气条可用洗水麦等不掉毛的材料，不能让导气条盖住胶片有内容的部分。打开真空开关键，将卷起的真空膜提起均匀铺盖在胶片上，从中心向四周，擦去胶片与版材之间的细小空气泡。

③设置好曝光时间，按下曝光开关键，曝光开始。

④按下真空开关键，真空泵停止工作，打开曝光抽屉，卷好真空膜，把已曝光柔性版材取下，在背面粘贴双面胶，再取下胶片妥善放好，打开机器上盖，在平磨板的玻璃上平整粘贴。

（4）洗版：打开上盖，粘好版材后，注入溶剂，盖好上盖，设置洗版时间，按下洗版开关键，洗版开始。洗版完成后，打开上盖，用海绵轻轻吸干柔性版材上的溶剂，不能来回擦，观察版材洗刷效果，如果合格便轻轻将其一边从平磨板玻璃上扯开，再用手指插在版材背面接近平磨板的地方，一点一点地把版材从平磨板上抠下来。

（5）烘干：打开烘干抽屉，将洗刷干净的版材平放在抽屉中央，合上抽屉，设置合适的烘干温度后，按烘干温度开关键，机器开始加热，烘干 5 分钟后把版材上的双面胶清除。如果是洗版多次的溶剂或者是大面积版，在烘干 20 分钟后，打开烘干抽屉，取出版材，用纯净的新鲜溶剂清洗版材，因为洗完的版材有残留的树脂胶和含杂质的溶剂驻留，此时间不长所以不需要停止烘干加热，洗完再将版材放入抽屉继续烘干。烘干时间长短可根据具体版材情况、洗版时间的长短和经验掌握，使版材恢复原来尺寸厚度。烘烤温度一般为60℃。一般厚版两小时，薄版一小时。烘烤时间过长，烘版温度过高将会使印版变脆而影响印版寿命。烘烤温度过低将延长烘干时间，烘烤时间过短，耐印力下降，印刷时会出现烂版糊版现象。烘干好的版材应该是平直的。

（6）后曝光：将烘干好的版材取出，直接正面朝上平放在曝光抽屉里，用纸垫住版材，以免粘住真空膜或者真空板，影响下次主曝光，后曝光不需要抽真空，放好后合上抽屉，设置好后曝光时间，按下曝光开关键，直到曝光结束。后曝光是为了使感光树脂彻底硬化（聚合）达到应有的硬度。后曝光时间过长，将削弱印版的使用寿命，同时还会导致印版上的底基和图像表面出现裂纹。后曝光过度还会影响印版对油墨的传递性能，印刷品的外观看起来似乎是印版与承印物接触不良的印刷效果，上机操作时可能要加大印刷压力去补偿，最终导致印版磨损厉害而过早报废。

（7）除粘：将后曝光后的版材正面朝上，平放在除粘板中央，合上抽屉，设置好后除粘时间，按下除粘时间开关键，除粘结束后，取出版材放入曝光抽屉。除粘是为了减少版材粘性，以利于印刷时油墨传递，避免印刷时版材粘住纸屑和灰尘影响印刷质量。

3.柔性版制版常见问题和解决方法（见表4-1）

表4-1　柔性版制版常见问题和解决方法

故障现象	故障原因	解决办法
聚酯保护膜脱落	从柔版正面切割	从柔版反面切割
	剪刀、切割刀具不锋利	改用锋利刀具
空白地方堵塞	曝光过度	正确设置曝光时间
	版材与胶片接触不良、有气泡	多用赶气棒驱逐气泡
图像模糊不清	胶片有错误	酒精清洗或重新制作合格胶片（阴片）
	使用胶印胶片（阳片）	
机器不能够启动	受潮或者进水	拉开电器抽屉用电吹风吹干
	空气开关跳闸	拉开电器抽屉合上空气开关

续表

故障现象	故障原因	解决办法
版材曝光后粘贴不上平磨板的玻璃	玻璃上有溶剂、水分、油墨等杂质	用溶剂擦干净
网点不透明及耐印力下降	版材未完全烘干	后曝光前一定要完全烘干版材
感光树脂层与聚酯层剥离	版材质量问题	更换版材
	做实地版,温度上升过快产生气泡	调整温度设置先低后高
胶片无错,图文有缺陷	真空膜上有灰尘等杂质	用酒精清洗真空膜
	版上有灰尘杂物	换在无尘环境下制版
图文达到不了足够深度	背、主曝光时间过长	缩短背、主曝光时间
细小文字不符、细线弯曲	背曝光不足	加大背曝光时间
	主曝光不足	加大主曝光时间
	洗版时间过长	减少洗版时间
阴文字不清晰	主曝光时间过长	缩短或者蒙片曝光(有线条同版时)
制好的版材龟裂	洗版后没有马上烘干	洗版后及时烘干处理
	在臭氧环境下保存	用黑色 PE 袋封口保存
	曝光时间过短	延长曝光时间
版材卷曲	烘干温度过高、时间过长	合理设置烘干时间和温度
	长期无保护存放在高温环境下	用黑色 PE 袋封口保存至阴凉处
洗版深度不一致	换气风扇停转,而造成曝光抽屉内温度过高	开机时检查机器后部换气电风扇是否运转
	毛刷没有调平整	调整毛刷压力与水平
	部分紫外线灯不亮,曝光不均匀	检查灯管和电气线路
版面发黏、发粘	溶剂洗版过多,浓度不够	更换新鲜溶剂
	除粘时间过短	设置合适的除粘时间
	除粘灯管烧坏或不亮	检查电气线路,更换灯管
	后曝光不足	设置正确的后曝光时间
	烘干中没有清洗版材	烘干 20 分钟后用新鲜溶剂清洗版面在洗版后的残留物
	溶剂选择、配比错误,比重不足	按下面介绍选择合适标准溶剂

三、包装印刷的凹版制版

凹版印刷主要应用在食品包装、人造革、卷烟包装、建筑家居装饰材料、地板材料、布料等广泛领域。凹版印刷墨色光泽度高、着色力强、色彩鲜明、转印与叠印性能好，印刷密度高、反差大、网点阶调扩大均衡、印版耐印力高、印刷速度快等优越性。国内众多凹印厂家使用的制版方式很多，但随着近年印刷制版技术的迅速提高，数字制版逐渐占据了市场主流。数字制版就是原稿在被复制到印版上的过程中色彩信息以数字信号的形式在传递。它的主要优点是：①简化了制版流程，制作好的图文文件通过计算机控制就能得到印版；②降低了制版直接成本，免除了胶片的使用费用；③减少了色彩还原过程中信号的损失，更有利于色彩管理；④解决了图形在滚筒上的连续无缝拼接，对于装饰、纺织等领域实用性大大加强；⑤幅面尺寸变化更自由，目前国内可制 2800mm×2000mm 幅面的印版，完全不用受照排机输出胶片的限制；⑥可为在同一滚筒上实施多次工艺提供精确定位，同一版上可以有不同线数、不同网线角度的网点。根据国内现有实际情况，凹印的数字制版有三种方式：①电子雕刻机方式；②激光刻膜及后腐蚀处理方式；③电镀合金的激光直接烧蚀制版方式。

电雕凹版是目前国内软包装凹印行业用最普遍的一种印版，其工艺流程如图 4-18 所示，制版原理如图 4-19 所示。

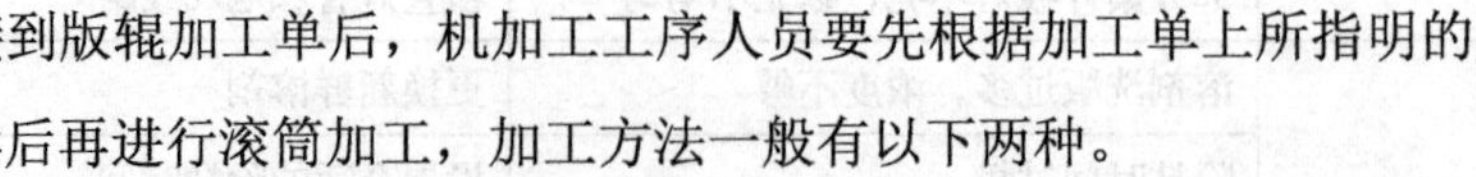

接稿和审稿 → 机加工 → 镀铜 → 电镀 镀铬 打样 终检

图 4-18 电雕凹版主要流程

制版工艺中，有以下重点步骤：

1. 机加工

在接到版辊加工单后，机加工工序人员要先根据加工单上所指明的版辊尺寸备料，然后再进行滚筒加工，加工方法一般有以下两种。

（1）采用无缝（厚壁）钢管直接加工成套筒形滚筒，这种方法的加工工序少，但直径规格受到限制，且滚筒内径加工尺寸一定要能与凹印机上的版辊轴相匹配。

（2）采用壁厚在 10mm 以上的钢板，剪切后用卷板机卷压成筒状，然后再焊接、车光、磨平、抛光。这种凹版滚筒一般由滚筒、轴和加固筋三部分组成，加固筋的作用是防止滚筒变形变翘。

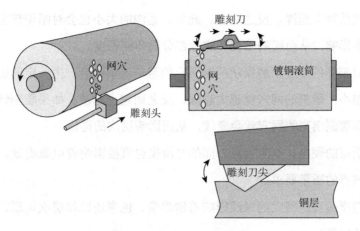

图 4-19 电雕凹版制版原理

2. 镀铜

在对机加工后的滚筒进行电镀之前，首先要进行清洗处理，因为如果滚筒表面有油污，电镀铜层就有一定的困难。可以先用去污粉或者去脂剂等仔细擦拭滚筒表面，去除滚筒上的油污，再用稀盐酸冲洗一次，最后用水彻底清洗干净，之后放入电镀槽中进行电镀。

清洗后的滚筒不能直接放入镀铜液中镀铜，必须要先镀镍再镀铜，否则铜层与辊芯的结合会十分不牢固。镀铜之后的滚筒要在研磨机上进行研磨，一般先粗磨（比如用 180 号磨石），然后再细磨（比如用 800 号和 2000 号磨石），最后还要上抛光机进行抛光。

3. 电雕

电雕机一般备有多套层次复制曲线，其总体趋向都是对中间调到暗调的层次做逐步压缩，只是压缩量及曲线形态略有不同，选用前应进行测试。

影响电雕质量的主要因素如下。

（1）雕刻线数以及雕刻角度。电雕凹版的雕刻线数一般为 50 ~ 100 线 / 厘米，雕刻线数越高，图像越精细。为了避免出现龟纹，各色版必须采用不同的雕刻角度，电雕凹版是通过改变网穴开口度（比如正常、拉伸和压扁）来实现雕刻角度变化的。雕刻角度不同，网穴的深度也不同，45°网穴最深，30°和 60°的网穴较浅。一般品红版采用 60°，青版采用 30°，黄版和白版采用 45°，黑版则采用 38°。

（2）试雕对雕刻网穴的影响。高光和暗调部分的试雕值越大，则雕刻的高光和暗调网穴就越大越深，反之则浅。此外，通沟的大小也会对暗调部分网穴之间的形状产生影响，从而影响暗调和实地部分的印刷密度。

（3）雕刻针的角度、磨损状况对网穴的雕刻质量也会产生一定的影响。雕刻针的角度越小，雕刻的网穴就越大越深，反之则越小越浅；如果雕刻针的磨损比较严重，则雕刻出来的网穴就会变浅，从而影响层次的再现。

（4）铜层的硬度、厚度以及表面的光滑度也直接影响着电雕质量。

电雕网点的质量要求：

网穴深度适宜。网穴的深浅影响着储墨量、色彩还原和层次再现，并影响最终印刷品的质量。

网穴光洁、无毛刺。如果网穴侧壁上有毛刺，就会使网穴的储墨量下降，而且在印刷过程中还会磨损和破坏刮墨刀，产生刀丝。

网穴的几何形状保持一致。电雕凹版的网穴形状为倒锥形，网穴表面光滑没有死角，在印刷过程中的传墨性较好。

网墙整齐规则、厚度均匀，否则就会造成油墨转移不均匀，网点增大率不规则，从而影响印刷品的质量。

4. 镀铬

电雕后的滚筒还需要进行镀铬处理，以提高表面的硬度、耐磨性、化学稳定性等印刷适性，从而提高版辊的耐印力。镀铬之后，还要在抛光机上进行抛光，以进一步提高版辊表面的光洁度。

5. 打样

打样样张是检验凹印制版质量并获得客户最终认可的一个重要依据，此外，它还可以为印刷提供标准色样和控制依据。目前主要通过凹印打样机来进行打样，同时数码打样的应用也正逐渐增多。凹印打样机是模拟凹印机的原理制成的，其构造与凹印机类似，所打出的样张效果跟正式的印刷品基本一致。

6. 终检

按照产品说明书以及客户的签字样进行校对。产品质量检查主要包括以下几项内容。

（1）核对版式及成品尺寸是否正确。

（2）确认文字内容是否 100% 正确无误，文字的字体、字号、颜色以及排列布局是否正确，细小文字的笔画是否清晰完整。

（3）图像的色彩、层次、清晰度以及饱和度，是否跟客户提供的样品相符；过渡色是否平滑，无明显的"阶跃感"；实地色块是否均匀，无水花现象。

（4）版辊表面是否光洁，有无砂眼、磕碰，是否有脱铬露铜的现象。

（5）版辊尺寸是否准确，直径递增是否正确。

四、丝网版制版

丝网印版，版面呈网状，由镂空图文的膜层、丝网、网框组成。近几年，丝网印刷发展迅速，用于标签、广告、印染以及地图复制之中。丝网版制作工艺如下：

丝网制版的方法很多，一般分为直接法、间接法等。

1. 直接制版法：把感光液直接涂布在绷好的丝网上，经曝光、显影制成丝网版。制版工艺为：绷丝网→丝网处理→涂布感光液→晒版→显影（图 4-20）。

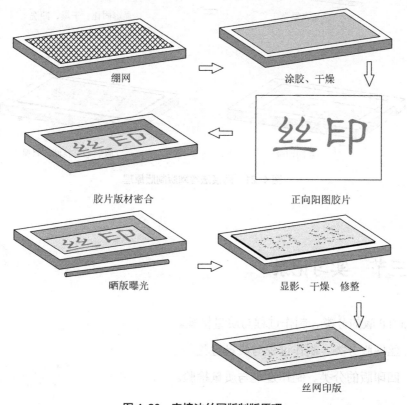

绷网　　　　　　　　　涂胶、干燥

胶片版材密合　　　　　正向阳图胶片

晒版曝光　　　　　　　显影、干燥、修整

丝网印版

图 4-20　直接法丝网版制版原理

2.间接制版法：在涂有感光层的胶片上制版，然后转拓到丝网上，制版工艺为：曝光→活化处理→显影→冲洗→转拓→涂胶→去除片基→修整（图4-21）。

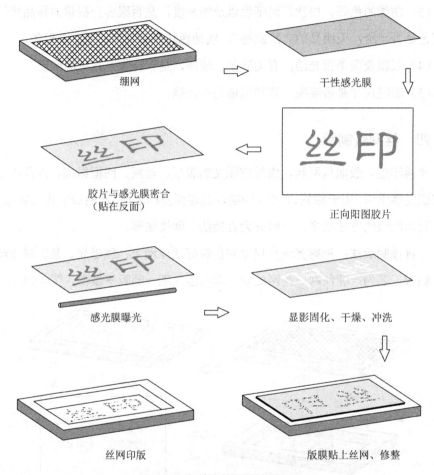

图4-21　间接法丝网版制版原理

第三节　实习记录

1.CTP版的分类、制作过程与质量检验。

2.丝网版分类、制作过程与质量检验。

3.凹印版的分类、制作过程与质量检验。

4. 局部上光版的分类、制作过程与质量检验。

5. 烫金版的制作过程与质量检验。

6. 凹凸印版的制作过程与质量检验。

7. 模切版的分类、制作过程与质量检验。

8. 清废版的分类、制作过程与质量检验。

第5章 印刷生产部

第一节 实习导语

本章主要介绍生产实习中不同印刷方式标准要求和基本操作。其中胶印机操作仍是生产实习指导讲解、操作的重点。学生通过校内的实习实践活动，仅仅初步掌握了胶印机的基本操作，而生产实习与校内实习实践活动在人员指导、学生动手操作机会、操作规范性、质量要求等方面存在较大的区别，所以要求学生一定严格遵守生产安全制度和印刷机操作规范，避免造成设备或人身伤害，实习中服从部门管理人员、机长的任务分配，积极、主动参与生产，从小事做起，勤学好问，逐渐获得指导人员的信任，从而得到更多的操作机会，获得更多的实践经验。

编者认为印刷机的生产实习不仅是对印刷机操作的理解和熟练程度得到进一步提高，还要学习、了解各种印刷机操作过程质量检验的相关标准及其技术要求，为学生灌输质量管理意识，才能使学生的综合素质得到提高。

包装产品的柔性版印刷机等操作参考胶印机、数字印刷机、凹印机的实习方法进行记录。

第二节 实习必备基础知识

一、平版印刷

(一) 国家对平版印刷品印刷质量要求

1. 平版印刷品印刷质量要求主要涉及以下几个标准

① GB/T 7705—2008《平版装潢印刷品》;

② GB/T 34053.3—2017《纸质产品印制质量检验规范 第 3 部分：图书期刊》;

③ GB/T 34053.4—2017《纸质产品印制质量检验规范 第 4 部分：中小学教科书》;

④ CY/T 5—1999《平版印刷品质量要求及检验方法》;

⑤ T/LGYS 001—2020《金银卡纸 UV 胶印质量及检验方法》。

注：CY 指新闻出版行业标准；T/LGYS 指由龙港市印刷包装行业协会发布的标准。

2. 平版印刷品印刷质量检验常检项目及要求

以上各平版印刷相关标准中印刷质量常检项目、要求见表 5-1。

表 5-1 平版印刷品各标准中印刷质量常检项目、要求对比表

标准名称 常检项目		CY/T 5—1999	GB/T 7705—2008 的精细产品	GB/T 34053.3—2017	GB/T 34053.4—2017
套印误差		精细产品 ≤ 0.10mm	主要部位 ≤ 0.10mm	封面≤ 0.10mm	封面≤ 0.10mm
		一般产品 ≤ 0.20mm	次要部位 ≤ 0.10mm	正文≤ 0.20mm	正文≤ 0.20mm
同批同位置色差	$L^* > 50.00$	≤ 6.00	≤ 4.00	≤ 6.00	≤ 6.00
	$L^* \leqslant 50.00$	≤ 5.00	≤ 3.00	≤ 5.00	≤ 5.00
同色接版色差	$L^* > 50.00$	≤ 6.00	—	—	—
	$L^* \leqslant 50.00$	≤ 5.00	—	—	—
同色密度偏差 （干密度）		青、品红≤ 0.15 黑≤ 0.20 黄≤ 0.10	≤ 0.05		

标准名称 常检项目	CY/T 5—1999	GB/T 7705—2008 的精细产品	GB/T 34053.3— 2017	GB/T 34053.4— 2017
50% 网点增大值	10% ~ 20%	≤ 15%	—	—
接版尺寸误差	精细产品 ＜ 0.5mm 一般产品 ＜ 1.0mm	—	—	—
印面外观	版面干净，无明显脏迹；文字完整清楚，位置准确	主要部位不能有直径＞ 0.3mm 的墨皮，直径 ≤ 0.3mm 的墨皮、纸毛等脏污不能超过 2 点	文字、线条清晰完整，图像完整，层次清楚，亮、中、暗调分明	图像、文字、线条清晰完整

3. T/LGYS 001—2020《金银卡纸 UV 胶印质量及检验方法》检验项目及要求

由龙港市印刷包装行业协会发布的该标准于 2021 年 3 月 1 日实施，适用于以金银卡纸为承印物的包装产品 UV 胶印工艺，其他承印物如塑料胶片的 UV 胶印可参照使用，检验项目及要求见表 5-2。

表 5-2　金银卡纸 UV 胶印质量检验项目及要求

检验项目	质量要求		
外观	1. 整洁、平整、无褶皱、脏点、划痕、条杠等瑕疵； 2. 文字清晰完整、无缺笔断画，小于 5.5P（7 号）的字应不影响认读		
墨层耐磨性	≥ 90%		
图像定位允差（套印误差）	任意两个颜色之间套准中心的最大偏差应小于 0.10mm		
实地颜色 （生产中至少 75% 的印样与付印样色差）	印刷原色	首签样允差 ΔE^*_{ab}	生产印刷品允差 ΔE^*_{ab}
	黑	≤ 4	≤ 3
	青	≤ 4	≤ 3
	品红	≤ 4	≤ 3
	黄	≤ 4	≤ 3
	专色	——	≤ 3
阶调值复制范围	2% ~ 98%（加网线数介于 60 ~ 80cm⁻¹，网点尺寸为 20 ~ 40μm）		

续表

检验项目	质量要求								
阶调值增加与扩展（网点要求）	阶调值增加		周期性网目				非周期性网目			
		阶调值	40	50	75	80	40	50	75	80
		增加	17	18	13	11	30	28	18	15
	阶调值和中间调扩展允差	控制块阶调值		首签样允差			生产印刷品允差			
		< 30		3			3			
		30 ~ 60		4			4			
		> 60		3			3			
		最大中间调扩展		5			5			

（二）单张纸胶印机的操作

以樱井 OL466SD 四开五色胶印机实习应该掌握的常规操作为例。

1. 认识印刷机主控台，掌握基本结构和功能

A. 主控台桌面

B. 油墨墨区、墨键操作面板

C. 触摸键面板（最主要的操作及各项参数设置）

D. 软盘驱动器（3.5 英寸）

E. 紧急制动键

图 5-1　樱井 OL466SD 印刷机主控台

2. 生产准备

（1）印刷机准备

——先打开气泵电源，气泵启动几分钟后自动停止。

——再打开印刷机电源，按下"复位"键。每天开机、换新活件或排除故障后都要操作这一步，目的是使印刷机各部件位置、参数回复到初始状态。

——检查温湿度控制、润版液的 pH 值和电导率、喷粉等装置和参数。

（2）阅读生产任务单，准备材料

1）阅读任务单

重点阅读生产任务单上纸张克重、切纸尺寸、印刷项目、印刷方式、颜色、印数等常规要求（图 5-2。图中隐藏了部分涉及客户信息的内容），并特别注意专色、色序、是否自翻版等特殊要求，才能准确地将需要的信息输入主控台的相关界面。

北京印刷学院

BEIJING INSTITUTE OF GRAPHIC COMMUNICATION

北京北印印务有限公司

生 产 单

生产单号	SCD-211126002	订单编号	DD-211126002	业务员	q
印品名称				成品尺寸	210*285
要货数量	400	单位	本	交货日期	
客户名称		工单号		下单日期	

切 纸

项目	物料名称	品牌	规格	开纸尺寸	小张数	用料数量	物料来源
封面	200g铜版纸		880*1230	438*307	650	0.163令	主料库
内文	128g铜版纸		880*1230	595*438	3250	1.625令	主料库
内文	128g铜版纸		880*1230	595*438	350	0.175令	主料库

版 房

项目	套数	上机开数	印刷方式	版数
封面	1	8	正背	8
内文	5	4	正背	40
内文	1	4	自反	4

印品说明		客户提供	
拼晒要求		制作要求	

印 刷

项目	正色+背色	印刷方式	上机开数	拼数	印张正数	印刷加放	装订加放	合计印张	机台	备注
封面	4+4	正背	8	1	400	250	0	650	海德堡	
内文	4+4	正背	4	1	400	250	0	3250	樱井	
内文	4+4	自反	4	2	200	150	0	350	樱井	

要 求

印刷工艺要求		质检要求	
印后工艺要求	亚膜骑订44P	送货包装要求	
备注			
下单人	q	审核人	q

版房 纸张 施乐科美 HP 海德堡 樱井 BB 288 印后　　软件研发单位：北京工信信息技术有限公司

图 5-2　生产任务单样例

2）上墨

根据生产任务单印刷色数、色序等要求上墨。

3）检查印版

①检查印版数量是否与生产任务单一致。

②检查版面色版名称、印张、正反、文件名、各种规线、套准线等信息是否齐全。

③检查印版外观是否平整、无脏迹、无划痕等现象。

④依次在每一张印版的叼口边打孔。

⑤将适量的洁版液倒在印版表面，用专用海绵块擦拭，以清除掉整个版面手印等脏迹，防止非图文部分上墨。

（3）印刷参数预设

1）墨区参数预设

①将一张分色版放在主控台桌面上，印版叼口边中线十字线对准印刷机墨区数量的1/2处。樱井OL466SD印刷机为19个墨区，所以将版中线对准第10个墨区（图5-3）。

图5-3 樱井OL466SD印刷机印版叼口边中线与墨区1/2位置对准

②选择印刷色组，观察分色版上图文深浅，调整19个墨区的油墨参数，随后输入墨斗辊转速（图5-4）。

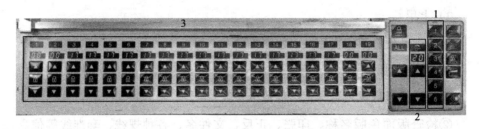

1—印刷色组；2—墨斗辊转速预设；3—各墨区油墨参数预设

图5-4 樱井OL466SD印刷机墨区预设界面

③依次调整、输入其他几张分色版的墨区、墨斗辊转速信息，保存设置。

2）纸张参数预设

①点击触摸键面板C，在"纸张尺寸预设操作画面"（图5-5）中输入生产任务单上纸张的裁切尺寸595mm×438mm；根据纸张克重，输入测量过的纸张厚度0.1mm。

注：如果是常规的印刷纸张尺寸，可直接调用"纸张尺寸记忆"中存储的尺寸信息。

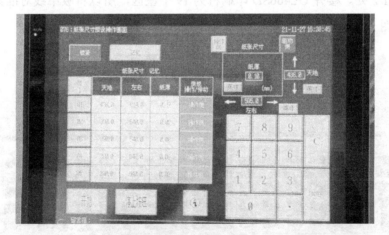

图5-5 樱井OL466SD印刷机纸张尺寸预设操作界面

②点击"开始"，印刷机的飞达头、输纸挡板、拉规、收纸挡板位置、三滚筒间的压力位置等按照输入的数据进行自动调整到位。

（4）上纸、上版、匀墨

（5）试印刷

先靠水辊、后靠墨辊，在一定的印刷速度下开始试印刷。

1）印刷套准

用放大镜检测试印样的各色版套准情况，在"印版滚筒套准调节画面"（图5-6）中，可进行印版的左右、上下、歪斜套准调节。反复试印，直到套准误差符合标准要求。

图 5-6　樱井 OL466SD 印刷机套准操作界面

2）墨色调整

以客户签样上颜色为参考依据，调节相关色版墨区参数、水，保证水墨平衡，通过反复调节，使试印样颜色与签字样保持基本一致，必要时，用分光密度仪测量信号条上原色油墨的密度，根据本厂油墨干、湿密度的对比测试数据库，确认试印样达到合适的湿密度后，擦拭印版、橡皮布，检查喷粉装置，准备开始正式印刷。

3. 正式印刷

①在主控台上进入"印刷枚数画面"（图5-7），根据生产任务单上"印张正数"和"印刷加放"的数量和减去试印样的数量，输入需要正式印刷的数量。

如果是长版活，可在"标签纸设定"和"标签纸预告"栏中设置每隔多少张夹一张长条形标签，并使印刷机到达该印数前给予鸣响提示。

②按照印刷预设的高速度进行正式印刷

正式印刷过程中要间隔一定时间或印数抽取几张印样，查看水墨平衡情况，用仪器检测套准或密度数值是否稳定。

③印刷机清洗，如清洗墨路，擦拭印版、橡皮布等部件，结束工作。

④关掉印刷机电源，关气泵。

图 5-7　櫻井 OL466SD 印刷机印数输入界面

二、数字印刷

（一）国家对数字印刷产品印刷质量要求

1.GB/T 33259—2016《数字印刷质量要求及检验方法》

该标准规定了在纸质承印物上采用喷墨成像或静电成像机理印刷的数字印刷品的术语、定义、产品分级、质量要求及检验方法。标准中对承印物、颜色再现（实地色差质量要求）、灰平衡、输出分辨力、底灰、图像位置（任意两色图像套准、正反面套准）、同批同色及同张同色色差及外观提出了质量要求（表5-3）。

标准的"附录 A 承印物要求"规定：数字印刷产品受印刷承印物限制，只适用于纸张及类似纸张特性的承印物，表中给出了纸质承印物以白背衬（白背衬参数要求具体见本书第七章本标准的附录 D），D50 光源，2°视场，角度为45/0 或 0/45 时测量的明度、光泽度及 CIELAB 值允差范围。

2.数字印刷产品检验项目及要求

GB/T 33259—2016《数字印刷质量要求及检验方法》中检验项目及要求见表 5-3。

表 5-3　数字印刷产品检验项目（部分）及要求

检验项目		质量要求				
		L^*	a^*	b^*	光泽度 75°	ISO 白度
承印物	有光涂布纸	93	0	−2	65	89
	无光涂布纸	92	0	−2	38	89
	无涂布纸	93	0	−2	6	93
	允差	±3	±2	±2	±15	±2
实地色差 ΔE^*_{ab}	偏差	青		品红	黄	黑
		5		5	5	5
灰平衡阶调值 组合		青		品红		黄
	高光	10%		7%		7%
	1/4 阶调	25%		19%		19%
	中间调	50%		40%		40%
	3/4	75%		64%		64%
输出分辨力 （能清晰分辨的线对）		精细产品		一般产品		
		≥ 5.6 线对 /mm		≥ 4.0 线对 /mm		
底灰（印刷品空白区域与承印物 的最大色差）		精细产品		一般产品		
		$\Delta E^*_{ab} \leqslant 1.5$		$\Delta E^*_{ab} \leqslant 3.0$		
图像位置	任意两色图像 位置套准	幅面对角线在 60cm 以下			幅面对角线在 60cm 以上	
		精细产品	一般产品	精细产品		一般产品
		≤ 0.07mm	≤ 0.10mm	≤ 0.08mm		≤ 0.15mm
	正反面套准	≤ 1.0mm				
同批同色色差		精细产品		一般产品		
	原色实地	$\Delta E^*_{ab} \leqslant 3.0$		$\Delta E^*_{ab} \leqslant 5.0$		
	专色	$\Delta E^*_{ab} \leqslant 2.0$		$\Delta E^*_{ab} \leqslant 4.0$		
同张同色色差		$\Delta E^*_{ab} \leqslant 3.0$		$\Delta E^*_{ab} \leqslant 4.0$		
外观要求		图文清晰完整，版面清洁，无明显条纹或条带				

　　各印刷企业要保证产品印刷质量符合标准要求，一般是先按照标准中的检验项目制作"数字印刷测试版"，在每天的正式印刷之前，选择与生产任务单上相同的纸张类型打印"数字印刷测试版"，进行颜色校正和数字印刷机的曲线校正，用仪器测量以上项目并记录数据，判断符合标准要求后再开始正式印刷。注意测量条件要符合标准要求。

（二）数字印刷机的操作

本书以 HP Indigo 7900 数字印刷机为例。HP Indigo 7900 数字印刷机是市场领先的 330mm×482mm 数字单页进纸印刷机，在打印质量、智能自动化、介质多用性方面都有重要创新，为用户实现印刷最高生产效率。

HP Indigo 成像数字印刷的主要呈色材料是电子油墨，基本流程可分为：充电→曝光→显影→转印→定影→清理六个步骤。为获得高质量数字印刷产品，一般需要将上机印刷的承印物进行预涂布等表面处理。

1. HP Indigo 7900 数字印刷机技术规格（部分参数）（表 5-4）

表 5-4　HP Indigo 7900 数字印刷机技术规格

最大纸张尺寸	330mm×482mm
进纸器	三个纸屉，每个纵深 150mm（可存放 120gsm 的纸张 1500 页 / 个）；一个特殊作业纸屉，纵深 70mm（可存放 120gsm 的纸张 700 页）
堆叠器	主堆叠纸盒堆叠高度 600mm，支持错位对齐（可存放 6100 页 120gsm 纸张）；校样堆叠纸盒堆叠高度 60mm（可存放 600 页 120gsm 纸张）
最大印刷图像尺寸	315mm×460mm 双面印刷，317mm×464mm 单面印刷
承印物克重	涂布纸 80～350gsm，非涂布纸 60～320gsm
承印物厚度	70～400μm
打印速度	每分钟 120 页四色 A4 页面（双面同印）
图像分辨率	8 位色彩模式下为 812dpi
标准四色印刷	HP Indigo 电子油墨青色、品红色、黄色、黑色
五色印刷	通过第 5 个供墨站
HP IndiChrome 六色印刷	青色、品红色、黄色、黑色、橙色、紫色
HP IndiChrome Plus 七色印刷	青色、品红色、黄色、黑色、橙色、紫色、绿色

2. HP Indigo 7900 数字印刷机的操作

HP Indigo 数字印刷机操作界面设计都非常接近，很容易上手，本书中没有列出详细的操作过程，仅列举几个比较重要的操作供实习参考。

（1）准备工作

1）检查车间的温度和湿度是否达到温度 18～23℃，相对湿度为 50%～55% 的要求

2）启动数字印刷机

①接通印刷机主机、空调电源：开关朝上为接通外部电源（图 5-8）。

图 5-8　HP Indigo 7900 数字印刷机外部电源接通 / 关闭

②开启 UPS：长按 UPS 开 / 关机键，听到"叮"的一声，直到屏幕界面从①变为②（图 5-9）后，方可接通印刷机的电源。

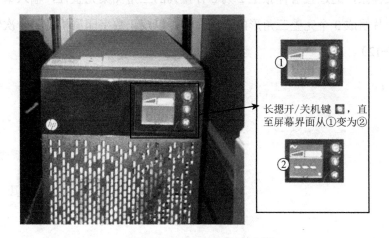

长摁开/关机键 █，直至屏幕界面从①变为②

图 5-9　开启 / 关闭 UPS 电源

③开启印刷机主开关：顺时针转动开关（图 5-10）为接通印刷机电源。

Indigo 系列数字印刷机采用橡皮布转印的方式印刷，经过长时间冷却或一段时间的印刷压力作用后，橡皮布会产生弹性变形，影响转印效果，所以开机预热后先做校正第一次转印压力和完全校色的操作。

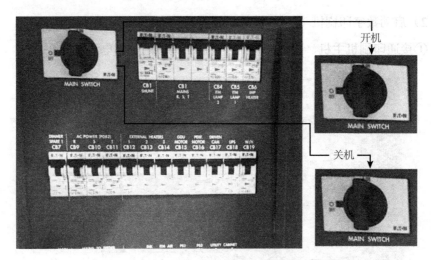

图 5-10　开启 / 关闭印刷机主开关

3）校正第一次转印压力

在"橡皮布和 PIP 界面"选择"第一次转印"（图 5-11），点击印刷，打印出来 9 张样张，通过查看样张上 2 列 6 行排列的三角图案完整性，输入第一个能用印刷碎片组成 3 个完整三角形的页面序号，以校正数字印刷机的第一次转印压力（图 5-12）。

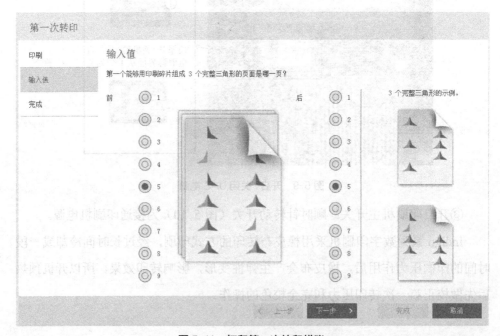

图 5-11　打印第一次转印样张

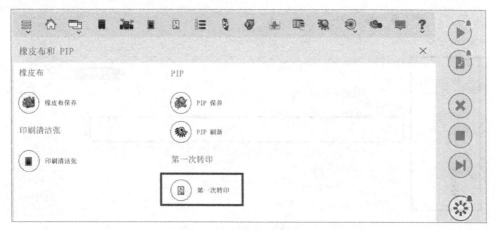

图 5-12 输入样张的序号

4）完全校色

打开"印刷质量"菜单，选择"颜色校正"（图 5-13），再选择一个定义的承印物名称，点击下一步按照流程输出监控色靶样张，目视对比色靶样张和看样台上标准监控样张上的图片是否有色差，如果满意，则完成完全校色（图5-14）。

图 5-13 选择颜色校正

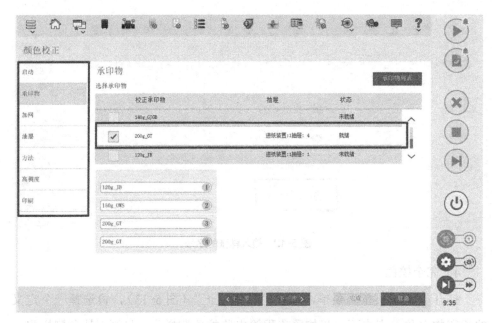

图 5-14 选择承印物准备打印色靶

（2）生产文件的处理和参数设置

1）阅读生产任务单，接收打印文件，检查接收的文件是否与打样样张或样书一致，按照下面的流程分别进行参数设置和处理（图 5-15），将 RIP 后生成的生产文件作业传输到印刷机打印队列等待印刷。

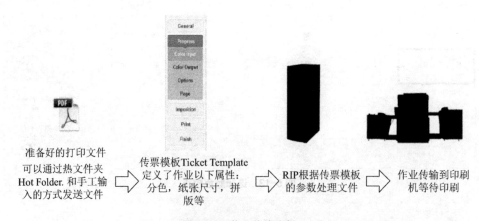

准备好的打印文件可以通过热文件夹 Hot Folder. 和手工输入的方式发送文件 → 传票模板Ticket Template 定义了作业以下属性：分色，纸张尺寸，拼版等 → RIP根据传票模板的参数处理文件 → 作业传输到印刷机等待印刷

图 5-15 作业传输流程

2）承印物基本参数设置。

承印物基本参数设置菜单中有 9 个模块（图 5-16）。

常规	承印物	收纸	图像位置	图像方向	颜色控制	配色	分色	图像增强	一次转印

图 5-16 承印物基本参数设置菜单

①新建承印物

打开承印物列表（图 5-17），按①~⑤顺序新建一种承印物。

图 5-17 新建承印物的设置

②输入设置承印物（纸张）基本参数（图 5-18）

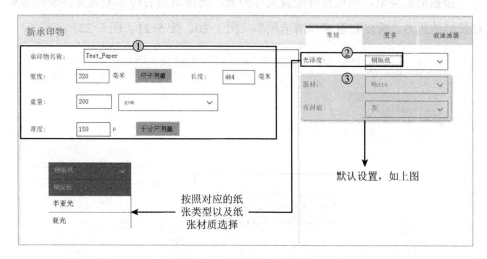

图 5-18 承印物的参数设置

　　按照生产任务单要求，依次输入承印物名称、长度、宽度、重量、厚度，其中厚度需要用千分尺测量后再输入准确的数据。再选择纸张类型、光泽度等参数。承印物名称可以"字母＋数字"组合方式或其他方式输入。

　　例如，承印物为80gsm的亚粉纸，则输入的承印物名称为80YF-70。

　　③承印物颜色校正参数设置（图5-19，以承印物为200gsm光铜为例）

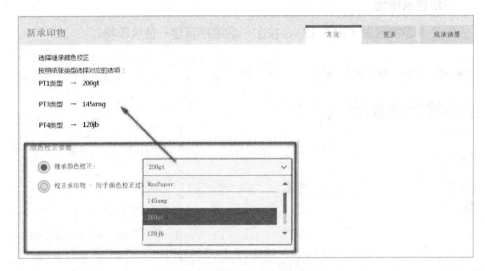

图 5-19　纸张颜色校正参数设置

　　④选择承印物转印配置文件

　　根据纸张类型，通过打开配置文件列表，选择适当的转印配置文件来控制灰底部分的压力、橡皮布温度和清洁频率（图5-20、图5-21、图5-22）。

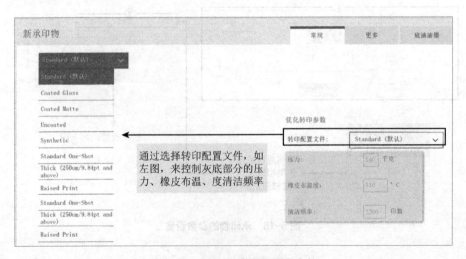

图 5-20　选择承印物转印配置文件

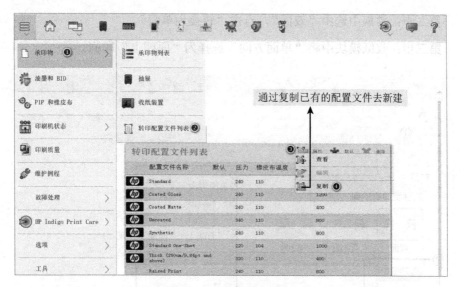

图 5-21 转印配置文件列表

Copy of Thick (250um/9.84pt and above)

配置文件名称:	Test
描述:	
原始配置文件:	Thick (250um/9.84pt and above) 与去复制的那个原始配置文件有关, 不可更改

优化转印参数

压力: 320 千克 0~400kg (i) 提示:较高的压力能够提高油墨在非涂布承印物上的定影。较低的压力可能会引起墨杠。

橡皮布温度: 110 ℃ 100~110℃ (i) 提示:较高的温度能够优化印刷机性能。较低的温度可以提高温度敏感承印物的性能。

清洁频率: 400 印数 (i) 提示:频率越高,橡皮布清洁得越好。低频率越低,印刷机利用率就越高。

一次转印

图 5-22 选择转印配置文件生成的优化转印参数结果

⑤更多、底油油墨设置

"更多""底油油墨"选项设置均采用默认设置即可。

⑥生产作业的单、双面印刷设置

承印物模块中如果默认的是双面印刷,如遇到单面印刷活件需做如下设置和转换（图 5-23）：

第一步：在承印物模块中选择预设的纸屉。

第二步：常规中选中"双面"，点击"转换为单面"。

第三步：收纸模块中将"单面方向"选择为"面朝上"印刷。

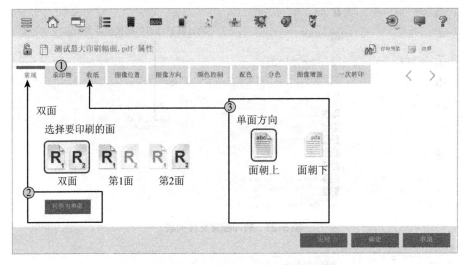

图 5-23　单、双面印刷方式的转换设置

⑦按贴、按套打印设置（图 5-24）

图 5-24　收纸时按贴、按套打印设置

按贴打印：多贴作业按贴印刷时，收纸参数"电子配页"不需要勾选，即收纸无须自动配页，按单张重复印刷。

按套打印：多贴作业按套印刷时，收纸参数"电子配页"则需要勾选，收纸时需要自动配页，按册 / 套重复印刷。

（3）套印调节

HP Indigo 7900 数字印刷的套印调节是在图像位置模块中进行的（图5-25）。

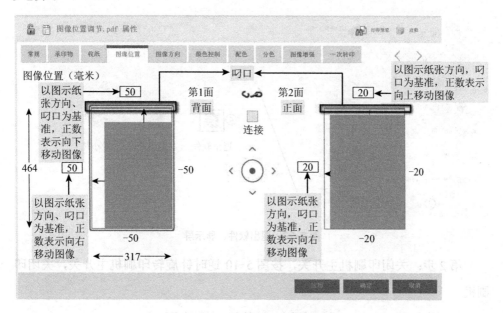

图 5-25 单、双面套印设置

套印调节时将印刷样的叼口方向朝上摆放，以此来调整图像整体在承印物的上下、左右位置，以保证纸张四周白边的尺寸满足规定要求。

1）单面印刷的套印调节

单面印刷时，第 1 面（正面）上下位置调节框内输入"正数"时，图像整体位置向下移动；左右位置调节框内输入"正数"时，图像整体位置向右移动，反之为反向。

2）正背印刷的套印调节

第 1 面（背面）的调节同单面印刷；第 2 面（正面）上下位置调节框内输入"正数"时，图像整体位置向上移动，左右位置调节框内输入"正数"时图像整体位置向右移动，反之为反向。

3.关机操作

第1步：先退出软件，或者选择"关闭计算机"选项，以退出软件和显示屏（图5-26）；

图 5-26　退出软件、显示屏

第2步：关闭印刷机主开关，按图5-10逆时针旋转印刷机主开关，关闭印刷机。

第3步：关闭UPS电源，按图5-9关闭 UPS 电源。

第4步：切断电源，按图5-8匣朝下为切断电源操作。

三、包装印刷

包装印刷应用产品的范围比较广，常见的有烟、酒、化妆品、药等包装的纸质材料印刷，还有塑料外包装产品、使用复合材料的软包装产品等，设备种类和型号比较复杂，加上当今的包装印刷领域新材料、新技术的日新月异，生产企业力求将不同工艺的印刷相结合，使包装印刷品具有更强的视觉冲击力，不仅可以使用单张胶印机、凹印机、柔印机、丝网印刷机等满足不同包装产品的印刷要求，还可以进行复杂的组合印刷。

（一）国家对包装印刷产品印刷质量要求

1. 国家对包装印刷产品印刷质量要求主要涉及以下几个标准：

① GB/T 7707-2008《凹版装潢印刷品》

② GB/T 17497.1-2012《柔性版装潢印刷品 第 1 部分：纸张类》

③ GB/T 17497.2-2012《柔性版装潢印刷品 第 2 部分：塑料与金属箔类》

④ GB/T 17497.3-2012《柔性版装潢印刷品 第 3 部份：瓦楞纸板类》

⑤ GB/T34053.6-2017《纸质印刷产品印制质量检验规范 第 6 部分：折叠纸盒》

2. 包装印刷产品标准检验项目及要求

包装印刷产品印刷标准质量要求使用范围、检验项目及要求对比见表 5-5。

表 5-5 包装印刷产品印刷标准质量要求适用范围、检验项目及要求对比表

标准名称　　检验项目	GB/T 7707-2008	GB/T 17497.1-2012 精细产品	GB/T 17497.2-2012 精细产品	GB/T1 7497.3-2012 精细产品	GB/T 34053.6-2017
适用范围	凹版印刷工艺生产的塑料薄膜、玻璃纸装潢印刷品、包装复合膜印刷品	柔性版装潢印刷的涂料纸、非涂料纸印刷品	柔性版装潢印刷的塑料与金属箔类印刷品	柔性版装潢印刷的瓦楞纸板类直接印刷的印刷品	涂布白卡纸、涂布白纸板及微型瓦楞纸板为基材的折叠纸盒类印刷品
套印误差	双向拉伸类薄膜主要部位 ≤ 0.20mm 次要部位 ≤ 0.35mm 非双向拉伸类薄膜 主要部位 ≤ 0.30mm 次要部位 ≤ 0.60mm	涂料纸主要部位 ≤ 0.20mm 次要部位 ≤ 0.30mm 非涂料纸主要部位 ≤ 0.30mm 次要部位 ≤ 0.40mm	主要部位 ≤ 0.20mm 次要部位 ≤ 0.35mm	主要部位 ≤ 0.5mm 次要部位 ≤ 1.0mm	≤ 1.0 mm

检验项目 \ 标准名称		GB/T 7707-2008	GB/T 17497.1-2012 精细产品	GB/T 17497.2-2012 精细产品	GB/T1 7497.3-2012 精细产品	GB/T 34053.6-2017
同批同位置色差	$L^* > 50.00$	$\Delta E^*_{ab} \leqslant 5.00$	涂料纸 $\leqslant 3.50$ 非涂料纸 $\leqslant 5.00$	塑料 $\leqslant 3.50$ 金属箔 $\leqslant 4.00$	$\leqslant 6.00$	同一产品同色色差 $\Delta E^*_{ab} \leqslant 3.00$
	$L^* \leqslant 50.00$	$\Delta E^*_{ab} \leqslant 4.00$	涂料纸 $\leqslant 3.00$ 非涂料纸 $\leqslant 4.00$	塑料 $\leqslant 3.00$ 金属箔 $\leqslant 4.00$	$\leqslant 5.00$	同批同色色差 $\Delta E^*_{ab} \leqslant 5.00$
墨层光泽度（60°）		$\geqslant 35\%$	—	—	—	—
同色密度偏差（干密度）		$\leqslant 0.06$	$\leqslant 0.05$	—	—	—
墨层结合牢度		$\geqslant 95\%$	—	$\geqslant 95\%$	—	—
实地印刷墨层耐磨性		—	$\geqslant 70\%$	—	$\geqslant 40\%$	—

本节以烟包产品实习为例，列出烟包产品的单张胶印机、凹印机、柔印机操作过程，为其他产品的包装印刷记录提供参考。

（二）烟包的单张胶印机

首先烟包产品设计具有底色满、专色多、画面简洁、连续调图案少的特点；其次印刷纸张较多采用金银卡纸、激光纸等复合材料，印刷油墨也较多地使用专色油墨、UV 油墨等特种油墨，加上其特有的防伪功能，造成烟包产品的单张纸胶印工艺在印刷设备、印刷墨色顺序、套印精度、水墨平衡等方面的复杂程度大大提高。烟包单张胶印机的操作同平版印刷类似，本书中不再重复。

凹版印刷机与其他印刷设备相比，具有结构简单、耐印力高、印刷速度快、容易与其他印后加工设备组成联合机组提高生产效率和降低废品率等特点，在烟草、食品、轻纺的包装印刷方面占有较大的印刷市场。由于受场地、人员和技术等条件限制，一般院校很少配置校内的凹版印刷实习设备，学生对凹版印刷机的认识主要来源于教科书、企业参观、使用法国 Sinapse 公司开发的 PackSim 模拟软件等有限渠道，没有获得实际操作凹版印刷机的能力。学生零基础开始学习凹版印刷机的生产操作，应先了解实习设备的结构。

单张纸凹印机的承印物主要是纸张，用来对大型卷筒纸凹印机进行补充。目前购买单张纸凹印机的厂家绝大多数已经拥有单张纸胶印机，所以他们大多选择双色或三色对开凹印机，用以和现有的进口胶印机相配，实现胶凹结合印刷，结合两大印刷方式的优点，非常适合中短批量的高档包装的印刷。这种胶凹结合的印刷方式，真正达到了高质量、低成本的目的，具有传统的单一印刷方式所不可比拟的优势。

按送纸的形式分，凹印工艺实习主要包括单张纸凹印机和轮转机组式凹印机实习两部分。

（三）烟包的单张凹印机

单张纸凹印机的承印物主要是纸张，采用与胶印机相同的传纸方式，配有单色到八色的印刷机组，用来对大型卷筒纸凹印机进行补充。

单张纸凹印机基本结构如下。

1. 给纸装置

采用纸堆式单张连续给纸。

2. 输墨装置

由于凹版印刷采用溶剂型液体油墨，所以凹版印刷机可采用短墨路输墨装置。

单张纸凹印机短墨路输墨方式主要有三种方式：

浸泡式：将印版滚筒部分浸在墨槽内的直接给墨。

墨斗辊式：由浸在墨槽内的出墨辊将油墨传给印版滚筒的间接给墨。

喷墨式：现代高速机一般采用这种装置。

3. 刮墨装置

（1）刮墨装置结构、接触角 φ

刮墨装置主要由刮墨刀、夹持板和压板等组成 ［图 5-27（a）］。刮墨刀片和印版滚筒表面接触的角度称为接触角。接触角 φ 在能刮净印版表面油墨又不会产生刀线的前提下，以小为好。一般接触角在 30°～ 60° 为宜 ［图 5-27（b）］。

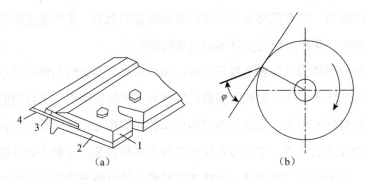

1,2—夹持板；3—压板；4—刮墨刀

图 5-27 刮墨装置的结构

（2）刮墨刀位置角度 α

α 角为两滚筒的中心连线 *OO* 和通过刮墨刀与印版滚筒的接触点到该滚筒中心点的延长线 *AA* 所夹的角 [图 5-28（a）、（b）、（c）]。

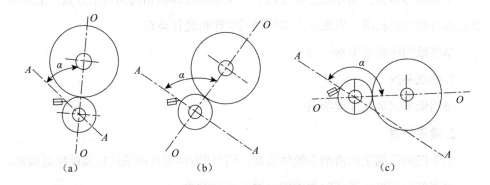

图 5-28 刮墨刀的位置角度

α 角越大，从刮掉油墨到进行印刷中间经过的时间就越长，在压印前油墨容易变干。一般 α 角小一些比较有利。即应使刮墨刀与印版滚筒表面的接触点尽量靠近两滚筒的压印点。

（3）刮墨刀轴向往复移动机构的作用和调节

往复移动的刮墨刀比固定刮墨刀有较好的油墨分割作用，刮墨刀的磨损均匀，寿命较长。往复移动量通常在 0～88mm 之间调节，每分钟行程次数为印版滚筒转数的 1/6～1/10。

（4）刮墨刀刀刃角度

刮墨刀的刀刃角度视印刷产品、油墨、承印材料和印刷机转速等因素而定，研磨角度一般控制在 18°～30° 之间。

研磨角度大于 30° 时，刀刃比较坚固，但弹性差，刀刃刮除印版滚筒表面油墨的效果不良，使印刷品的亮调部分出现深浅不匀的现象。如果刀刃磨成 18° 以下，刀刃虽然能够很好地把油墨从滚筒表面刮除，但却容易被从油墨或纸张上落到刮墨刀上的"硬质颗粒"损坏，有时也会被印版滚筒磨损，刀刃上出现小月牙状的伤痕。

4. 印刷装置

滚筒部件是印刷装置的主要部件，由印版滚筒和压印滚筒组成。两滚筒的排列形式一般采用垂直排列或倾斜排列两种方式。印版滚筒排列在下方。一般每个机组都有 1 个印版滚筒和 1 个压印滚筒。

印版滚筒直径一般为压印滚筒的 1/2，压印滚筒表面包覆以一定厚度的衬垫，印版滚筒直接浸入墨斗内。

5. 收纸装置

单张纸凹印机的收纸装置与其他类型的印刷机基本相同，但是由于凹印墨层厚，为促进快干，可加大纸张的输送距离或在印张之间设置间纸，高速凹印机上设置干燥装置。

（四）轮转机组式凹印机

卷筒多色凹印机印刷部分的结构有机组式和卫星式两种。前者是按所需色数设置机组，每个机组中各有 1 个印版滚筒和 1～2 个压印滚筒，收纸部分是采用复卷方式。卫星型四色凹印机印刷部分有 1 个大压印滚筒和 4 组印版滚筒。还有将凹版印刷与平版印刷或凸版印刷、模切等组合，以适应印刷品的不同要求。

1. 轮转机组式凹版印刷机的结构

轮转机组式凹版印刷机由放卷装置、若干独立印刷机组、收卷装置组成。各印刷机组独立设置，结构布局比较合理，机组之间有较大空间，有利于设备安装与调整，并便于操作，可实现高速多色印刷。同时由于各机组的结构相同，可提高产品的系列化、通用化和标准化程度，具有较高的设计、技术水平，是目前卷筒纸凹印机的标准机型。

（1）放卷装置

放卷装置由装卷轴、放卷架、换卷装置（包括换卷储纸器）、边位控制（纠偏装置）、反卷曲装置、放卷张力控制和其他辅助设施等组成。根据功能结构，放卷装置分为两类：单卷放卷和不停机放卷装置。

不停机放卷装置根据其不同放卷架结构，可分为回转架和固定架两类（图5-29～5-32）。

图 5-29　转臂式回转架　　　　　图 5-30　转盘式回转架

图 5-31　对称悬臂式固定架　　　　图 5-32　非对称悬臂式固定架

放卷直径的选择取决于材料的厚薄及卷材的重量（卷材长度）。薄型材料一般比重大，卷径小于1000mm。厚材为了得到足够长度的卷材，减少印刷过程的切换次数，卷径在1000～1850mm范围内。

料卷的卷芯内径则取决于卷重，根据不同卷重可选用标准的3英寸、6英寸和12英寸卷芯。另外，由于小卷芯对较厚的、刚性大的材料（如纸张），在起始卷绕段印材的卷曲变形严重，严重影响印后加工及产品的平整性要求，所以要尽量选用大卷芯，并在印前、印后加装反卷装置或称平（反）卷器（图5-33）。

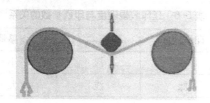

图 5-33 平卷器装置

装料卷轴一般用充气膨胀轴，简称气胀轴。其中以 3 英寸气胀轴为轴芯的 6 英寸气胀鼓在承重允许的情况下得到普遍使用，装料时由轴张紧鼓、鼓张紧卷料，从而减轻了轴的重量。

在穿料轴支承装置中，放卷轴采用快装式安全卡盘，安装在转架上。卡盘在机械结构上设有确保只有在装卸位置上才能打开卡盘进行卷轴装卸作业的机构，避免在运转时发生卷材跌落事故。

（2）不停机拼接方式

不停机换卷放卷装置的拼接方式可分为搭接和对接（图 5-34、图 5-35）。搭接方式简单，适用于薄型材料间的黏接情况。对接方式适用于具有一定挺度或厚型材料的拼接情况。

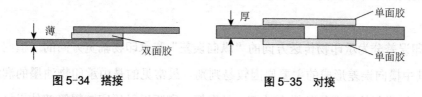

图 5-34 搭接   **图 5-35 对接**

（3）印刷装置

机组式凹版印刷机印刷单元的主要部件由以下几个部分组成：驱动装置、印版滚筒和压印胶辊系统、套准装置、干燥装置、供墨装置、刮墨装置等。本节以生产实习实际操作最常用的几个部件作为重点供学生学习。

1）印版滚筒和压印胶辊系统

轮转机组式凹版印刷机采用刚性的滚筒式印版与柔性的压印辊，承印物经滚压实现图文复制。压印胶辊一般不靠齿轮传动，而是由与印版滚筒的接触摩擦力带动其旋转。一般要根据承印物表面的平滑程度选用不同硬度的压印胶辊（表 5-6、表 5-7）。

表 5-6 压印胶辊硬度与印刷参数的关系

承印物表面粗糙度	印刷速度	网穴	上墨量	选用胶辊硬度
大	高	深	小	硬度大
小	低	浅	大	硬度小

表 5-7 压印胶辊硬度与印刷压力参考表

承印物	胶辊硬度 SHA	印刷压力 /(kN/m)	胶辊直径 /mm	压印宽度 /mm
塑料薄膜	60～80	0.98～4.9	120～150	10
铜版纸	75～85	7.8～14.7	120～200	13
白板纸	80～90	19.6～29.4	120～200	15

* 邵氏硬度计测量值

压印胶辊一般分为带轴压印胶辊和套筒式压印胶辊两类。其中带轴压印胶辊又可分为普通压印胶辊和静电压印胶辊两种。

2）套准装置

轮转机组式凹版印刷工艺中，承印物稳定的牵引张力是确保承印物材料平整进入印刷单元的先决条件。所以，在印刷材料、印版等外部条件正常的前提下，轮转机组式凹版印刷机的套印误差本质上是由印刷过程中承印物所受张力波动而产生的。

套印误差分为承印物传送方向的"纵向误差"和承印物幅宽方向的"横向误差"。其中横向误差形成的主要原因较易判别，最常见的是由承印物油墨的润湿和油墨干燥引起的承印物的横向伸缩；导向辊、印版以及压印胶辊等部件机械加工精度和安装平行度差，导致承印物在传送过程中的左右摆动所造成的。纵向套印误差主要是由于在不同的张力牵引下，承印物产生的弹性变形即纵向长度的差异造成的。

①纵向套印误差的补偿辊校正方式

利用相邻两机组间设置的补偿辊，操纵补偿辊机械传动的位移量，从而改变两组压印点之间承印物的纵向长度，达到调整纵向套印位置的目的（图 5-36）。

沿印刷走纸方向上的前后两个机组 1 和 2，若后色滞后于前色，补偿辊向上移动增加两组压印点之间承印物的纵向长度，在印速不变的前提下，前色点将延缓到达后色印点，达到套印目的。

若后色超前于前色，补偿辊向下移动，缩短两组压印点之间承印物纵向长度，在印速不变的前提下，前色点将提早到达后色印点，达到套印目的。

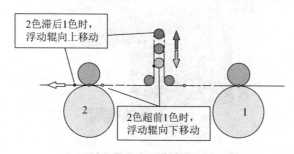

2色滞后1色时，浮动辊向上移动

2色超前1色时，浮动辊向下移动

图 5-36　补偿辊校正方式

②印版滚筒驱动校正方式

利用电子轴的驱动装置，改变相邻两个机组的印刷线速度，达到调整纵向套印位置的目的（图 5-37）。若后色滞后于前色，则后色印版滚筒加速向前，使后色印点向前趋近前色印点；若后色超前于前色，则后色印版滚筒减速，使后色印点滞后趋近前色印点，达到套印目的。

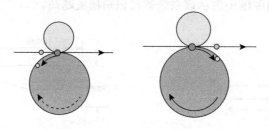

图 5-37　印版滚筒校正原理

③套印标记

凹印机套准装置检测套印精度需要借助于经印刷留在承印物上的特殊印刷标记，称套印标记。常见的套印标记有三种：

a. 圆形微点色标

用于高速 CCD 点阵式摄像光电眼（图 5-38）的识别标记，色标占空间小（1mm），检测精度达到 0.01mm。更有利于低对比度色标的识别，实现自动纵、横向套印误差检测。

图 5-38　圆形微点色标及 CCD 电眼

b. 直线形标记

仅用于纵向套印（图 5-39）。

④楔形标记

适用于纵、横向套印（图 5-40）。楔形的直线边用于纵向误差的检测，楔形的斜面用于横向误差的检测（检测楔形截面的大小）。楔形斜角有 16.7°、30°、45°等，角度越小表示该系统横向识别精度越高。

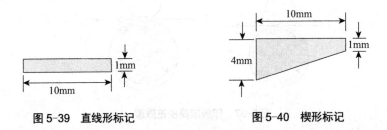

图 5-39　直线形标记　　　　图 5-40　楔形标记

在实际生产中，根据印刷产品具体情况，在套准装置中需预先设定楔形标记与印刷走纸方向的排列关系，套准装置才能正确识别和计算套准误差及超前或滞后的判断。

3）干燥装置

凹印干燥装置包括风机和热源（电热、油热或蒸汽）热交换器组成的高速热风源，足够长度带滚道的干燥烘箱以及余热循环利用的热交换箱，废气排放系统。

高速热风源由高速离心式风机、热源和热交换器等组成。

立式干燥烘箱根据凹印机最高速度、使用油墨的挥发特性及印刷面油墨所占面积，确定其烘道长度。干燥烘箱由辊道、进风室、喷刀或喷气孔、吸气室、冷水辊和穿料链机构等组成。由风机泵入的热风进入进风室，经喷刀或喷气孔喷射到快速经过辊道的承印物印刷面，热量和风量促使油墨中的溶剂瞬间挥发。夹带溶剂蒸气的废气被处于负压的吸气室吸入，经排废风机排出室外。新一代干燥烘箱多喷气孔板替代了喷刀，或采用喷刀与多喷气孔板合理组合，扩大热风与印刷面的接触面积（图 5-41）。

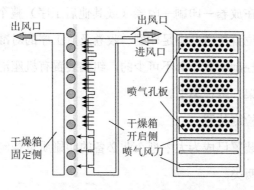

图 5-41 新一代干燥烘箱结构

为了便于对辊道的维护，风室与辊道采用可分离结构。风室悬挂在滑道上，常见有前后滑动开闭式和左右滑动开闭式两种（图 5-42）。

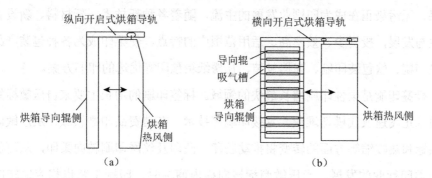

（a）　　　　　　　　　　　（b）

图 5-42 风室开闭方式

（4）收卷装置

收卷装置根据功能结构可以分为两类：单卷收卷和不停机换卷收卷装置。收卷装置又常根据其驱动原理分成表面卷绕和中心卷绕两大类。在不停机换卷高速印刷机中，一般都选用中心绕卷型收卷装置。

2. 轮转机组式凹版印刷机的主要辅助装置

（1）静电吸墨装置

静电吸墨装置（ESA）是凹版印刷机用来提高油墨转移率，消除印刷白点的专用辅助设备。其基本原理是带电粒子在静电场中受到电场力的作用，发生定向移动。

注：必须注意防火安全！

（2）纠偏控制装置

卷筒印刷材料在放卷—印刷—收卷（或其他后工序）整个流程中，为确保其始终按预定的横向位置传送，满足印刷、收卷及后工序的对准要求，调整其边、线横向位置的纠偏控制装置是必不可少的。纠偏装置有机座滑动式和浮动框架式（包括位移式纠偏架）两种类型。

（3）自动图像检测装置

自动图像检测装置已成为大中型企业必备的印刷质量控制装置，一般分为在线检测和离线检测两类。

（五）柔性版印刷

1. 柔性版印刷在包装印刷领域的应用

柔版印刷已成为当今印刷行业发展最快、较具潜力的一种印刷工艺。绿色、环保、无污染正在成为印刷业发展的主流，随着各种新技术、新材料、新设备的诞生与发展，投资少、效率高、适用范围广的特点，使柔印成为各种包装产品如标签印刷、软包装印刷、高档包装、瓦楞纸箱预印等优选的印刷方案。

标签印刷是柔性印刷增长最快的领域。标签印刷的增长主要来自压敏标签，该技术正飞速取代模切堆积、直接印刷等技术。在消费品印刷领域，从压敏向模内贴标和热收缩等方面的转变将推动胶印、凸印及丝网印刷转向柔印，从而促进整个柔印行业的发展。当压敏商标转向模内商标时，印刷工艺也相应地转向了UV或水基柔印。

目前在国内市场，屋顶软包形式使用的产品非常广泛，包括液体软饮料、干性食品等，其中尤以乳品、果汁饮料需要量较大，而对包装要求也较高：要求符合环保要求，无污染，可回收利用。

高档包装方面由于柔印工艺与配套技术的完善与发展，如直接制版、高质量 UV 油墨、高精度网纹辊、伺服电机驱动等技术，使原本就一条龙生产、具有综合成本效益优势的机组式柔印机在高档市场如虎添翼，加之柔印的生产方式随着印刷质量提高、环保功能增强、停机时间缩短、多种印刷和加工工艺融合，而日益被印刷企业接纳。

随着人们生活水平的提高，彩色瓦楞纸箱在商品包装中的使用越来越广泛。人们要求包装纸箱不但要美观，而且要具有环保功能。国内某印刷厂已开发成功瓦楞纸箱预印技术，该厂主要利用意大利引进的 6 色卫星式柔性版印刷机生产，该机幅宽 1200 毫米，印刷重复长度 1000 毫米，印刷速度可达 250 ～ 300m/min，日单班产量可折合 11 万个纸箱。该机适合在 70 ～ 350 克的各种铜版纸、白板纸、卡纸等复合材料上印刷。

2. 瓦楞纸板机组式柔性版印刷机

目前国内常用的直接柔印机是印刷模切机，主要由送纸单元、印刷单元、模切单元、下吸风送纸轮（位于每个机组之间）组成（图 5-43）。

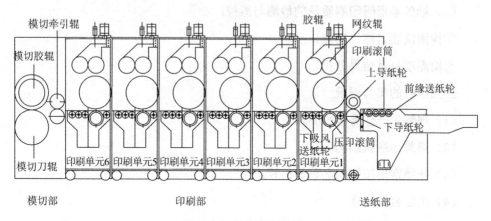

图 5-43 印刷模切机结构

纸板经送纸单元托纸架，按设定的参数，每张纸板经吸风送纸轮和送纸辊牵引送到印刷部，经多个印刷单元精确套印后，再由送纸辊进入模切不进行压痕、开槽，按照模切版模型，切除成品以外的部分，完成瓦楞纸板的印刷与成型生产。

第三节 实习记录

1.烟包产品的单张胶印机实习记录

（1）理解生产任务单要求：

①纸张克重、类型。

②印刷油墨数量（印刷色数）、其中专色油墨数量和颜色。

③印刷色序安排及原理。

④白色色版的数量、部位、网点特征参数（网点面积率、网点角度、网点形状）。

（2）UV油墨印刷：

①UV光源的功率、位置、数量。

②UV胶印油墨的性能、特点。

③UV胶印油墨印刷常见故障。

（3）烟包条形码印刷质量的检测与监控：

①检测仪器名称、功能。

②检测项目及结果分析。

2.凹印机的实习记录

（1）理解生产任务单的要求。

（2）熟悉印刷机结构。

（3）熟悉常用按钮的名称和位置。

（4）主控台的操作。

（5）纸路的控制操作：放卷、张力、接纸、纠偏、收卷。

（6）墨路的操作：油墨黏度的测量、上墨、色序安排、更换、清洗。

（7）刮墨刀的选择与更换。

（8）套印校正的操作。

（9）更换凹版操作。

（10）印刷压力的调整操作。

（11）干燥温度控制。

（12）废旧溶剂的处理。

（13）印刷品的检验与监测。

（14）印刷常见故障。

3. 柔性版印刷机的实习记录

（1）理解生产任务单的要求。

（2）熟悉印刷机结构。

（3）熟悉常用按钮的名称和位置。

（4）主控台的操作。

（5）纸路的控制操作：放卷、张力、纠偏、收卷。

（6）墨路的操作：上墨、更换、清洗。

（7）专色油墨的配制。

（8）套印校正的原理、操作。

（9）墨色调整。

（10）印刷金银油墨。

（11）色序的安排。

（12）更换印版的操作。

（13）网纹辊的选择与更换。

（14）印刷压力的调整操作。

（15）干燥温度控制。

（16）印刷品的检验。

（17）印刷常见故障。

4. 丝网印刷机的实习记录

（1）理解生产任务单的要求。

（2）熟悉印刷机结构。

（3）熟悉操作面板上常用按钮的名称和位置。

（4）丝网印版的安装、调节、清洗。

（5）刮墨刀、回墨刀的安装与调节。

（6）确定印刷定位规矩。

（7）上墨、收墨。

（8）印刷压力的调节。

（9）干燥的控制。

（10）半成品的检验与管理。

第6章 印后加工部

CY/T 15—1995《装订质量要求及检验方法——锁线订》。

CY/T 21—2003《钢丝平订、钢丝骑马订外观质量要求及检验方法》。

B. 实习……

第一节 实习导语

印刷品的印后加工工艺包括表面整饰加工工艺和装订工艺。

本章主要介绍书刊印刷、包装印刷印后加工标准要求和操作要求。

第二节 实习必备基础知识

一、书刊印刷印后加工

1. 书刊印刷产品印后加工质量检验主要涉及以下几个标准

① CY/T 29—1999《装订质量要求及检验方法——骑马订装》。

② CY/T 40—2007《书刊装订用 EVA 型热熔胶使用要求及检测方法》。

③ CY/T 42 ～ CYT 43—2007《纸质印刷品覆膜过程控制及检测方法》。

④ CY/T 59—2009《纸质印刷品模切过程控制及检验方法》。

⑤ CY/T 60—2009《纸质印刷品烫印与压凹凸过程控制及检测方法》。

⑥ GB T 34053.3—2017《纸质印刷产品印制质量检验规范 第3部分：图书期刊》。

2. 书刊印刷印后加工质量检验项目及要求

以上各平版印刷相关标准中印刷质量常检项目、要求见表6-1。

表6-1 平版印刷品各标准中印刷质量常检项目、要求

标准编号	检验项目	质量要求
CY/T 29—1999	装订质量	1. 配帖应正确、整齐。 2. 订位为钉锯外订眼距书芯长上下各1/4处，允许误差 ±3.0。 3. 订书后书册无坏钉、漏钉及垂钉，书册平服整齐、干净，钉脚平整、牢固，钉锯均钉在折缝线上，书帖歪斜≤ 2.0mm。 4. 全书整洁
	成品质量	1. 成品裁切歪斜误差≤ 1.5mm。 2. 成品裁切后无严重刀花，无连页刀，无严重破头。 3. 外观整洁，无压痕。
CY/T 40—2007	胶粘订书刊黏结强度	> 4.5N/cm
CY/T 59—2009	质量要求	1. 模切刀版与印张的套印允差 ±0.5mm。 2. 压痕线宽度允差 ±0.3mm。 3. 折叠反弹力符合后续加工及使用要求。 4.外观质量要求:切口光滑、痕线饱满,无污渍、毛边、粘连和爆线,无明显压印痕迹
CY/T 60—2009	质量要求	1.烫印表面平实,图文完整清晰,无色变、漏烫、糊版、爆裂、气泡。 2.烫印材料与烫印基材之间的结合牢度 >90%。 3.同批同色色差（CIEL"a'b.）AEb.<3。 4.烫印与压凹凸图文及印刷图文的套准允差 <0.3mm。 5.压凹凸图文对应位置的凹凸效果无明显差异

续表

标准编号	检验项目		质量要求
GB/T 34053.3—2017	表面整饰质量	覆膜	1. 覆膜后图文清晰，表面干净、平整，黏结牢固。 2. 覆膜完整
		上光	涂布均匀 局部上光位置误差≤1.0mm
		烫印	1. 清晰，牢固。 2. 位置误差≤0.5mm
		压凹凸	轮廓清晰，位置误差≤0.5mm
	书芯	书页	1. 页面、页码顺序正确。 2. 页边整齐，小页内缩≤2.0mm
		跨页接版位置误差	≤1.5mm
		页码位置误差	相连页误差≤3.0mm 全书误差≤5.0mm
	胶粘订		书芯与背胶粘贴牢固 书芯黏结强度＞4.5N/cm 侧胶黏结宽度3.0～6.0mm
	锁线订		线组分布均匀，松紧适当，线径与针孔大小相适应

3. 书刊印刷印后加工的操作

（1）折页机

1）折页机工艺流程（图6-1）

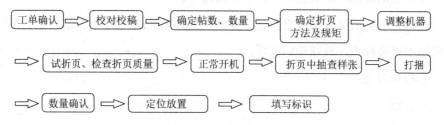

工单确认 ⇒ 校对校稿 ⇒ 确定帖数、数量 ⇒ 确定折页方法及规矩 ⇒ 调整机器

⇒ 试折页、检查折页质量 ⇒ 正常开机 ⇒ 折页中抽查样张 ⇒ 打捆

⇒ 数量确认 ⇒ 定位放置 ⇒ 填写标识

图6-1 折页机工艺流程

2）折页工艺操作规程

①折页是装订第一道工序，一定要确认工单要求。

②核准标识，核对好样稿，检查样稿是否与工单要求一致，不合格品不准接入本工序。

③确定帖数和每一代的数量与大页组做好交接，填好记录。

④根据工单要求和样稿，确定书帖的折页方法和规矩。

⑤先用过版纸调整好规矩。

⑥试折页、检查书帖规矩、折页方法是否正确，接码是否准确。

⑦正常开机检查上书帖，且勿上反规矩和反页。

⑧折页中机长、助手要不间断地抽查样张，检查折页质量。

⑨折好书帖，打捆时要整齐、规矩一致，每捆要做好书名标记，要标明代数，并按规定码台、做好标识。

⑩统计好每代折页后的准确数量，并做好记录。如缺数要及时上报提前做好补版准备。

3）折页机质量标准和检验方法

①质量标准

a. 按作业要求领取印刷车间的成品，并核准数量办理交接签字手续。

b. 书帖平服整齐，无八字皱褶、死角、折断、颠倒页、白页、跑版、折双张、串代等。

c. 书帖页码误差＜1mm，黑色折标要居中一致。

d. 折完的成品不准有破口、蹭脏、油污等。

e. 折完书帖后要求按规定数量捆捆，每捆数量准确、扎捆结实，码台整齐，正确填写产品标识，放在指定区域。

②检验方法

a. 目测

b. 直尺测量

（2）打捆机

1）打捆机工艺流程图（图6-2）

图6-2　打捆机工艺流程图

2）打捆机工艺操作规程

①保持上下工序的联系，搞好协作，听取下工序意见，产品数字准确，码放整齐，给浆背以便利条件。

②关闭电源。

③打扫工作场地卫生，填好交接单、日报表，按规定码台，做好标识。

3）打捆机质量标准和检验方法

①质量标准

上捆要撞齐，后背平整，无马蹄形，松紧一致，每捆上下松紧误差5～8mm以内。

②检验方法

a.目测；

b.直尺测量。

（3）胶订联动线

1）配页工艺流程（图6-3）

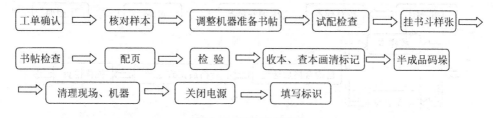

图6-3　配页工艺流程

2）配页工艺操作规程

①工单确认，按工单要求查好书帖代数，并将上道工序的折页数量做好记录。

②核对样本，确定书帖。

③调整机器，同时准备书帖，每代书帖要与机器放帖的位置一致，挂书斗样

张防止上错书帖。

④试配、检查机器试配产品质量，书帖是否有错放。

⑤正常开机，添页人员检查有无折偏、脏、破页，对照书斗样张上页。

⑥后序查本要细、严，折标一定准确无误并做好个人标记。

⑦收本要码放整齐，每垛数量要准确一致，不要过高，填好产品标识。

⑧拉闸断电，压缩机放水。

⑨填好交接班记录、设备保养记录、生产日报表等；清理、清洁各种物品，固定位置码放，做好标识，保持生产现场整洁有序。

3）配页质量标准及检验方法

①质量标准

a. 配出的书帖不能有缺帖、多帖、倒帖、破损、划伤和油迹。

b. 上书帖时一定要注意方向，切勿倒置。

c. 收本时一定要认真查本，检查折标排列是否正确。

d. 半成品按规定码放整齐，核准数量，正确填写产品标识。

②检验方法

目测折标检查是否缺帖、多帖、倒帖。

（4）胶订机

1）胶订机工艺流程（图6-4）

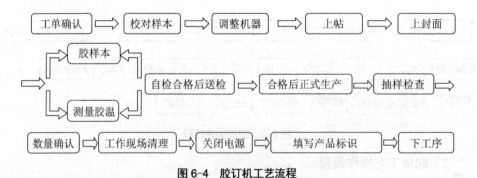

图6-4　胶订机工艺流程

2）胶订机工艺操作规程

①确认工单，提前2小时热胶，认真检查封面，将不合格品剔出，做好胶订准备。

②校对好样本及样本要求，书芯封面是否与样稿一致。

③调整机器，包括背胶侧胶的大小，封面规矩的调整，断胶是否恰到好处等。

④将胶温调至160℃（合理胶温为150～180℃），试胶样本，查看胶好书脊及书帖的牢固度，书脊文字是否居中，封面上下左右及书芯接图等是否与样本一致。

⑤正常开机生产时，机长要随时巡机检查。收本人员要及时发现胶订过程中出现的质量问题，如封面规矩不好、上脏、封底封面带胶丝，侧胶、背胶质量故障，并及时上报机长，机长立即调整改进。

⑥质检员、机长要经常抽样检查，发现问题后及时解决。

⑦胶订完，清点数量要准确。

⑧关闭电源。

⑨填好交接班记录、设备保养记录、生产日报表等；清理、清洁各种物品，按规定码台，做好标识，保持生产现场整洁有序。

3）胶订机质量标准及检验方法

①质量标准

a.封面无歪斜，书脊≤10mm 允许误差≤0.5mm；书脊≤10～20mm 允许误差≤1.0mm；书脊≤20～30mm 以下允许误差≤1.5mm。胶背均匀度为≥0.8mm，侧胶无外溢现象，胶宽在4～7mm，无胶眼（气泡），侧胶粘贴牢固。

b.铣背深度：三折书帖为2～3mm，四折书帖为2.5～3.5mm，以书帖最里面一页能粘牢为准，割槽深1～1.5mm。

c.所订书本书帖粘接牢固，不出现散页、掉页或书芯断裂等现象。

d.订书成品外观整洁，无胶点、胶丝、划伤、油污等。

e.粘接封面必须正确，牢固、平整，并且接图准确。

f.成品书背应方正、无皱褶，书脊字居中。

g.上胶量要适当、均匀、无胶孔、不溢胶、背胶厚≥0.8mm，侧胶宽≥4～7mm。

②检验方法

a.试胶样本后裁切检查是否散页、掉页，是否出血，有无胶孔，接图，侧、背胶质量是否符合要求。

  b. 进行破环性试验，检验铣背、铣槽深度。

  c. 续本前检查是否多帖、少帖、错帖。

  d. 收本过程中目测成品书背是否有胶点、胶丝、划伤、油污、书背字居中。

  ③检验方法

  a. 目测。

  b. 直尺测量。

  （5）骑马订

  1）骑马订工艺流程（图 6-5）

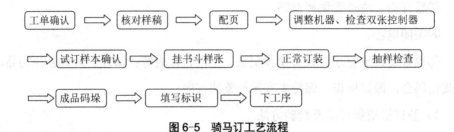

图 6-5 骑马订工艺流程

  2）骑马联动（双头）工艺操作规程

  ①接工作单，弄清工作单要求。

  ②核对样稿，查看代数接图与样本是否一致。

  ③将书帖代数整齐排放在应放书帖的位置（双头配页，检查代数且勿错放）

  ④调整机器，联动机查看电眼功能、刀片裁切是否合格，双头机要检查双张控制器。

  ⑤试订样本，确认是否与样稿一致，注意订距位置。

  ⑥挂书斗样张。

  ⑦批量订装，添页人员检查书帖的折页质量，对照书斗样张上页。

  ⑧正常工作后，要经常抽样检查。

  ⑨订好的书刊样本，查本后码垛整齐，数量准确一致，不宜过高，并填好半成品单。

  ⑩工作结束，关闭电源。

⑪清理工作场地卫生，各种物品固定位置摆放，保持生产现场整洁有序。填好交接卡、生产日报表等。

3）骑马订质量标准及检验方法

①质量标准

a. 书帖平服整齐，无明显八字皱褶、死褶、残页和脏迹。

b. 书帖页码和版面顺序正确，以页码中心为准，相连两页之间页码位置允许误差≤2.0mm，全书页码位置允许误差≤4.0mm，画面接版允许误差≤1.0mm。

c. 骑马联动上书帖时一定要注意方向、反正、切勿倒置。双头订配帖应正确、整齐（不能出现缺帖、倒帖、错帖、多帖等现象）。

d. 订位为钉锯外钉眼距书芯上下各1/4处，允许误差≤3.0mm。

e. 订后书册无坏钉、漏钉及重钉，书册平服整齐、干净，钉脚平整、牢固，钉锯均钉在折缝线上，允许误差≤0.5mm。

f. 联动线切成品应无明显刀卷、带毛、压印，无明显磨痕。成品裁切歪斜允许误差≤1.0mm。

g. 成品裁切后无严重刀花，无连刀页，无严重破头。

h. 成品外观整洁、无压痕。

②检验方法。

a. 用尺测量钉距。

b. 联动线用压力和电眼检测多帖少帖。

c. 目测刀花、连刀页、破头及书本的整体外观。

d. 双头订套页时后套页检查前套页，书刊套页时一人一次完成套页全过程，并在里页画色便于检查。

（6）半成品检验

1）半成品检验操作规程

①检查半成品中是否有多代、少代、倒头、串代等问题，确保半成品质量。

②根据胶订质量标准，检查书脊有无歪斜，封面与书心，保证一致。

③检查出不合格产品分类存放，填写质量检验报告单，一式两份，报品质控制部一份，本组存根一份备查，由生产副总会同业务、生产研究处理决定。严禁

本车间自行处理、解决。

④保证数量准确、按规定码台，做好标识。

2）半成品检查质量标准和检验方法

①质量标准

经过半成品检查的书册，不得有多贴、少贴、错贴、掉头、颠倒页、白版、顺序不一、环衬不相符、书脊字歪斜。

②检验方法

目测。

（7）三面刀

1）三面刀工艺流程（图6-6）

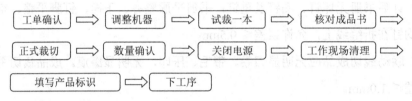

图6-6　三面刀工艺流程

2）三面刀人员岗前准备工作

①上岗前必须换工作服，女员工要戴好工作帽。严禁穿拖鞋、鞋拖、裙子、高跟鞋进入车间。工作服要干净整洁。

②打扫环境卫生，做到整洁、干净，地面无油垢、杂物，物品码放整齐，把与本日工作无关的物品放入规定区域。

③擦拭机器，做到无灰尘，机器外观干净。

3）三面刀工艺操作规程

①切书前，严格按照生产施工单中成品书规格的要求，调正压方、压力，确保裁切方正，先裁切一本（或一手）样书，认真核对成书尺寸和天头、地脚，出版社确认无误后方可施工。

②压刀落刀适宜，刀条上刀痕不宜过深（0.5mm），书本受压力均匀，封面有皱褶要加垫纸。保持规矩一致，上下刀口一致。有上下册的书刊，应配本裁切成品，每刀数量一致，根据下道工序的要求，按规定码台，做好标识。

③在裁切过程中应保持书本整洁，随时检查，如发现有刀花、连刀页、破头的现象应及时进行纠正。

④工作结束，关闭电源。

⑤清理工作场地卫生，各种物品固定位置摆放，保持生产现场整洁有序。填好交接卡、生产日报表等。

4）三面刀质量标准和检验方法

①质量标准

a. 成品幅面尺寸符合工艺施工单要求，尺寸允差≤ ±0.5mm。

b. 成品无刀花，无连刀页，无严重破头，轻微破头部分不应破损，并且破头长度＜0.3mm。

c. 裁切后的成品不歪斜，无毛刺，书背无皱褶，无破口。

d. 成品按规定码台，核准数量，正确填写产品标识。

②检验方法

a. 目测。

b. 直尺测量。

（8）磨刀机

1）磨刀工艺流程（图 6-7）

图 6-7 磨刀工艺流程

2）磨刀工艺操作规程

①工作前要加足润滑油，检查磨头紧固程度及其他松动的部件。

②工作中要集中精力，不得远离机器。

③发现异常现象要立即切断电源，待机器完全停止后再进行排除。

④工作结束后要擦洗机器，保持清洁。

⑤磨好的刀片或待磨的刀片要分放在刀架上排列整齐。

⑥工作完毕，关闭电源。

⑦清理工作场地卫生，各种物品固定位置摆放，保持生产现场整洁有序。

3）磨刀工序安全操作规程

①操纵磨床严禁戴手套，必须戴防护镜。

②检查床子时，各手柄必须灵敏可靠，定位挡块必须牢固，保险螺丝必须有效，液压和润滑系统必须畅通，防护罩必须完整，砂轮及其他运转部位必须正常。

③开车后先空转 3～5 分钟，确认无误时再进行工作。

④更换新砂轮时要注意：有裂纹、裂痕、碰伤的不能用，没有高速试验合格标签的不能用。

⑤安装砂轮时，在砂轮与法兰盘之间必须加上 0.6～1mm 厚度的纸板衬垫或毡绒衬垫，不准硬碰硬，紧固时用力要均匀，螺母要拧紧。

⑥砂轮装好后，还必须经多次调平衡，然后试车 5～10 分钟，确认无误方可进行工作，未经平衡的砂轮禁止使用。

⑦圆磨工作装卡必须牢固，顶尖润滑必须保持良好，不准在顶尖间和工作台面敲打校正工件。

⑧平面磨床工作前还必须检查电盘磁吸力，使用时注意要吸工作物的大面，如遇加工面积小或过高的工件时，必须要用挡铁挡牢或固定在胎夹具上，装夹细长零件要用中心架；防止工件飞出伤人。

⑨测量或检查工作物及清除吸盘上铁末时，必须将砂轮移到位置上，防止磨伤手。

⑩砂轮工作时，人不得站在砂轮旋出方向，必须站在侧面，预防突然停电引起工件和砂轮飞出伤人。

⑪调整行程限位器后螺丝一定要拧紧，变换车速，装卸工件、测量工件尺寸等，都要停车进行。

⑫用金刚石修整砂轮时，必须将金刚石固定在机床上，不得用手拿金钢石去修整，并且要戴防护眼镜。

⑬磨床运行不得离开岗位，如需离开必须把车停在安全位置，切断电源。

⑭被磨刀片在工作台面上要放正卡牢或磁盘吸牢，不准吃大刀，装卸刀片要看周围没有人和障碍物时才准进行。

4）磨刀质量标准和检验方法

①质量标准

磨出的刀斜角适当，刀口不凸不凹，无毛刺、不糊不卷。

②检验方法

目测。

（9）勒口机

1）勒口机工艺流程（图 6-8）

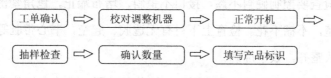

图 6-8　勒口机工艺流程

2）勒口机工艺操作规程

①每天开机前对机器进行清洁润滑。

②根据生产工艺施工单要求进行生产。

③领机人员接通电源后，首先点动机器，运转正常后，方可进行生产。

④查书人员发现质量问题，及时停车，机长进行调整。

⑤对不合格品及时剔除，将已标识的合格品送往指定地点。

⑥工作结束，关闭电源。

⑦清理工作场地卫生，各种物品固定位置摆放，按规定码台，做好标识，保持生产现场整洁有序。填好交接卡、生产日报表等。

3）勒口机质量标准和检验方法

①质量标准

a. 成品幅面尺寸符合生产工艺施工单要求，尺寸允差≤ ±0.5mm。

b. 裁切后不歪斜、无毛刺、无刀花、无油脏。

c. 封面勒口折痕均匀。

d. 按规定码台，核准数量，正确填写产品标识。

②检验方法

a. 目测。

b. 直尺测量。

（10）成品组

1）查书

①查书操作规程

a. 先看前面的零件加工，注意不要张冠李戴，单本检查或原本倒溜，必须先看后背是否歪斜，空背破口，然后推开三面切口看有无折角、死褶、脏破页、连页、小页等。查出的残次品要分类加条，登记报表。

b. 精装检查要控制硬封不翘，接口不歪斜，堵布端正，包角紧密，不起泡，烫印图文清楚，不糊不花。检查上下衬有无透胶、起空，书心带脏等。查完后按每包册数码放整齐，数字准确。

c. 经成品检查超出质量标准范围的一律单独放置，准确登记数量。

d. 检查完的成品书，按规定码台，做好标识，保持生产现场整洁有序，填好生产日报表等。

②查书质量标准和检验方法

③质量标准

a. 封面无歪斜，书脊≤10mm 允许误差 0.5mm；书脊≤ 10 ~ 20mm 允许误差 1.0mm；书脊≤ 20 ~ 30mm 以下允许误差 1.5mm。胶背均匀度为≥ 0.8mm，侧胶无外溢现象，胶宽在 4 ~ 7mm，无胶眼（气泡），侧胶粘贴牢固。

b. 封面干净，无明显划痕。

c. 裁切成品尺寸误差在 −0.5 ~ 0.5mm，不歪斜、无刀花、无破口。

d. 检查首尾代、环衬，分本是否准确（多割代、少割代）。

e. 连页、折角、撕口、带脏、胶眼不符合质量标准的要剔出。

f. 返修书要严格建立交接手续，分类检查，分类打包。

④检验方法

a. 目测。

b. 直尺测量。

2）打包

①打包操作规程

a. 经质检员检验后再将成品进行包装，按生产工艺施工单的要求打包，用专用包装材料包装。

b. 书刊打包过数准确无误，按掉头规则进行打包（见掉头规则表）。

c. 包装要包紧、包实，不能搬运时松包或散落。

d. 包装不应太大、太重，码垛要整齐，不要太高，数量保持一致。

e. 包装完毕在包装封口端居中贴上封签，并清楚填写个人质检号。

f. 包装完毕后，要按规定码台，做好标识，保持生产现场整洁有序，填好生产日报表等。

g. 将包装好的成品与库管员交接清楚，清点数量，方可入库。

②打包质量标准

a. 每包数量准确，用胶适量，防止粘到书上。

b. 标签与书本一致，准确无误。

c. 按客户要求打包，做到牢固、方正、不松散。

d. 按规定码放整齐，核准数量，正确填写产品标识。

③检验方法

目测。

（11）样书组

1）样书组操作规程

①对成品页进行认真检查、挑选，歪斜、双张、坏页剔出。

②确认书名书号，配页顺序准确无误。

③分本准确，无撕页、无蹭脏、无串代。

④检查首尾代、环衬，侧胶必须粘贴牢固。

⑤工作完毕做好工作记录。

2）样书组质量标准和检验方法

①质量标准

a. 封面无歪斜，书脊 ≤ 10mm 允许误差在 -0.2 ～ 0.2mm；书脊 ≤ 10 ～ 20mm

允许误差在 -0.5 ～ 0.5mm，最多不超过 ±0.5mm；胶背均匀度为 ≥ 0.8mm，侧胶无外溢现象，胶宽在 4 ～ 7mm，无胶眼（气泡），侧胶粘贴牢固。

b. 裁切成品尺寸误差在 ≤ ±0.2mm 之内，不歪斜，无刀花、无破头、无气泡。

c. 封面干净，无明显划痕。

d. 内文干净，逐页检查，不允许有脏点、皱褶、透印、破口等现象。

e. 打包数量准确，用胶适量，防止粘到书上。标签与书本相符，准确无误。

②检验方法

a. 目测。

b. 直尺测量。

c. 游标卡尺。

二、包装印刷印后加工

（一）国家对包装产品印后加工质量要求

包装印刷产品印后加工质量检验主要涉及标准为 GB/T 34053.6—2017《纸质印刷产品印制质量检验规范 第 6 部分：折叠纸盒》，其质量要求见表 6-2。

表 6-2　折叠纸盒印后加工质量要求

检验项目	子项目	质量要求
表面整饰质量	覆膜	1. 平整性：起泡直径 ≤ 1.0mm，起皱长度 ≤ 2.0mm。 2. 完整性：完整，亏膜宽度 ≤ 2.0mm。 3. 牢固度：边缘处脱膜宽度 ≤ 5.0mm，压痕处脱膜宽度小于压痕线宽度且长度 ≤ 10.0mm
	烫印	1. 烫印完整。 2. 烫印耐磨性：未上光耐磨性 ≥ 40%，上光耐磨性 ≥ 70%
	套准误差	烫印与印刷、烫印与压凹凸、压凹凸与印刷、局部上光与图文的套准误差 ≤ 0.3mm

续表

检验项目	子项目		质量要求	
成型质量	成型尺寸偏差		涂布白卡纸	微型瓦楞纸
		对角线偏差	≤ 0.3mm	≤ 0.5mm
		边长偏差	≤ 0.3mm	≤ 0.5mm
	盒盖与盒体锁合间隙		≤ 1.0mm	
	成型完整性：爆裂长度		≤ 0.5mm	≤ 1.0mm
	微瓦裱合平整度		平整	
	切口		平直	
	粘口完整度：无胶长度		≤ 3.0mm	≤ 5.0mm

（二）瓦楞纸箱模切工艺

瓦楞纸箱模切技术（图6-9）

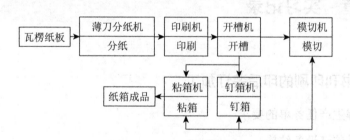

图6-9　瓦楞纸箱模切技术

瓦楞纸箱是由瓦楞纸板通过钉合、黏合或直接折叠成箱的。现代设备的自动化程度下，中高档生产设备主要有瓦楞线、印刷机自动联线设备、印后成型加工设备等。

瓦楞纸箱的印后成型加工设备包括模切机、钉箱/糊箱机（粘箱机）、开箱机（成型机）等。纸箱成型作为瓦楞纸箱生产的一个重要环节，越来越受生产企业的重视。瓦楞纸箱的成型加工包括成型方式的选择、模切压线工艺的结合工艺等。目前，国内瓦楞纸箱成型方式有开槽和模切两种。

瓦楞纸箱成型工艺流程为：首先对纸板进行压线和分纸处理，在面纸上印刷客户需求图案，形成半成品；进行开槽和模切，钉箱／糊箱，形成纸箱成品。

开槽成型的特点是速度快，无须制作刀模，使用成本低，但精度差，只能处理精度及形状要求不太严格的纸箱。此方式在纸箱厂应用较普遍。

模切机可以根据需要开出各种形状的槽形，模切方式包括平压平、圆压平和圆压圆三种。圆压圆模切的优势在于保持一定精度的同时，速度非常快，模切纸箱尺寸范围广，适合大批量的活件使用。

目前，随着智能制造的深入，模切机也正进一步向智能化、高速化、高精度、多功能、大幅面、高稳定性及联机化方向发展，可以有效地降低对劳动力的需求、减少中间过程的浪费，提高工作效率。

开槽工艺是进行纸板压线、开槽、切角机修边等加工的部分，主要包括压线机构和开槽机构。

第三节 实习记录

一、书刊印刷的印后装订加工

1. 理解生产任务单的要求

2. 熟悉装订设备结构

3. 熟悉装订设备常用按钮的名称和位置

4. 装订设备操作

5. 绘制书刊装订工艺流程图

二、包装印刷的印后加工

1. 分切

①理解生产任务单的要求

②分切刀的选择与更换

③皮带的选择与更换

④分切尺寸的调整操作

⑤主控台的操作

⑥分切的质量检验

⑦分切常见故障

2. 烫金（含电化铝、全息）、凹凸印（或烫模机）

①理解生产任务单的要求

②熟悉主控台常用按钮的名称和位置

③纸（薄膜）路的控制原理

④更换烫金或凹凸版的操作、故障

⑤更换烫金簿的操作、故障

⑥套印校正的原理、操作、故障

⑦烫金或凹凸压力的调整原理、操作、故障

⑧定位烫金的调整、操作、故障

⑨烫金温度控制

⑩烫金或凹凸的半成品的检验与管理

⑪烫金、凹凸版的版材和外形对比观察

⑫烫金或凹凸常见故障

3. 覆膜

①理解生产任务单的要求

②熟悉主控台常用按钮的名称和位置

③纸路、薄膜行程的控制原理、故障

④黏合剂的配制、选择与故障

⑤转移压力的调整原理、故障

⑥干燥温度控制

⑦复合品的检验与监测

⑧复合常见故障

4. 模切

①理解生产任务单的要求

②熟悉主控台常用按钮的名称和位置

③纸路的控制原理、操作、故障分析

④套印校正的原理、操作、故障分析

⑤更换模切版的操作、故障分析

⑥模切刀的选择、操作与更换

⑦橡皮条海绵条的选择、操作与更换

⑧底版的选择、操作与更换

⑨模切压力的调整原理、操作、故障分析

⑩清废版的调整原理、操作、故障分析

⑪模切的检验

⑫模切常见故障

5. 清废边（或扯纸）

①理解生产任务单的要求

②手工清废的操作

③成品摆放的规则与标准

6. 糊盒机成型

①理解生产任务单的要求

②熟悉主控台常用按钮的名称和位置

③糊盒机纸路、薄膜行程的控制原理、操作、故障

④润滑油路的保养

⑤糊盒精度的操作、故障

⑥黏合剂的配制、选择与故障

⑦黏合压力的调整原理、操作、故障

⑧干燥温度控制

⑨成品的检验

⑩成型常见故障

附录A "印刷生产实习与创新实践"实习教学大纲

课程代码：A412480

课程名称：印刷生产实习与创新实践

课程学分：8 学分

课程学时：16 周（理论学时，0 周；实践学时，16 周）

课程性质：必修

实习类别：生产实习

建议先修课程：颜色科学与技术、图文信息处理与复制、印刷材料及适性、印刷原理及工艺、印刷质量检测与控制

适用专业（方向）：印刷工程

课程简介：

本课程是印刷工程专业的综合实践教育课程。通过本课程的学习，使学生了解印刷生产全流程与主要工艺环节及技术参数，掌握印前、印刷与印后的衔接及对设备、工艺的要求，熟练数字化印刷的特点、工作原理及质量检控方法。本课程也可使学生参与创新实践活动，包括各类学科竞赛，如全国印刷行业职业技能大赛、顺丰绿色包装设计大赛、顺丰北京区快件包装设计大赛、创意印校级比赛等。

一、课程目标

该课程是针对印刷工程专业的企业生产实习与实践，安排在第 7 学期进行，一般是从大三结束后的 7 月初到 10 月下旬。通过本课程的实践教学，学生可具备下列知识和能力。

课程目标 1：熟悉印刷企业组织模式和生产流程情况，并分析和评估该企业的生产执行标准、产业政策、工艺流程完整度、生产中废弃物处理方式以及生产中环保的措施。

课程目标 2：在生产实习过程中，通过企业生产的产品特点，熟悉行业的需

求和发展，理解印刷行业对从业人员的基本要求，树立印刷职业意识，规范职业道德。

课程目标 3：正确运用所学印刷工程专业的基础理论、专业知识，全面掌握印前图文信息的处理流程、印刷设备的操作技术和印后加工的工艺特点及技术要领，并形成一定的印刷行业职业素养，为从事生产管理岗位做储备。

课程目标 4：了解印刷企业在生产全流程的成本预算和成本控制，熟悉印刷企业在订单生产过程中报价所考虑的影响因素，能够相对准确计算单一订单生产管理全流程的基本运行成本。

课程目标 5：能够根据印刷工程专业相关领域的最新知识，综合运用所学印刷工程专业的基础理论、专业知识和基本技能，在生产实习与创新实践过程中，锻炼实际应用能力，取得科研、技能、设计、产品等标志性成果。

课程思政教学目标：了解我国印刷包装行业的现状，深刻理解我国在印刷包装行业对世界的贡献，我国印刷包装行业经过多年的发展，目前取得的辉煌成就。让学生树立投身我国印刷包装行业建设的理想。

二、课程目标对毕业要求的支撑关系（表 7-1）

表 7-1 课程目标与毕业要求的支撑关系

课程目标	权重	支撑毕业要求指标点	教学内容	教学方法
课程目标1	0.2	7.1 理解环境保护与可持续发展的方针、政策、法律和法规，认识和理解印刷工程对环境及社会可持续发展的影响	生产实习与创新实践动员 模块一 模块四	1. 教师在生产实习与创新实践动员及生产实习过程中讲解； 2. 企业技术人员在实习培训时和现场实习过程中讲解； 3. 学生实习调研的汇总以及现场实践过程中交流、记录； 4. 生产实习与创新实践考核

续表

课程目标	权重	支撑毕业要求指标点	教学内容	教学方法
课程目标 2	0.2	8.2 理解印刷工程的社会价值及工程师的社会责任,能够在工程实践中遵守敬业创新、安全高效、环保节能的工程职业道德及规范,履行责任	生产实习与创新实践动员 模块一 模块四 模块六	1. 教师在生产实习与创新实践动员及生产实习过程中讲解; 2. 企业技术人员在实习培训时和现场实习过程中讲解; 3. 学生实习调研的汇总以及现场实践过程中交流、记录; 4. 生产实习与创新实践考核
课程目标 3	0.2	11.1 具有一定的规划和工程管理知识,能够开展印刷工程项目的规划和管理工作,包括多任务协调、进度控制、资源配置等	生产实习与创新实践动员 模块二 模块三 模块四 模块五 模块六	1. 教师在实验室、大赛现场等创新场所与学生交流及指导; 2. 学生在创新实践过程中汇总以及现场实践过程中交流、记录。 3. 生产实习与创新实践考核
课程目标 4	0.2	11.2 了解印刷工程及产品全周期、全流程的成本构成,并能应用于印刷工程管理与经济决策环节	模块二 模块三 模块四 模块五 模块六	1. 教师在生产实习与创新实践动员及生产实习过程中讲解; 2. 企业技术人员在实习培训时和现场实习过程中讲解; 3. 学生实习调研的汇总以及现场实践过程中交流、记录
课程目标 5	0.2	12.2 掌握正确的学习方法,具有自主学习能力,包括理解能力、归纳总结能力和提出问题能力,具备主动了解和学习行业新知识的能力	生产实习与创新实践动员 模块六 模块七	1. 教师在生产实习与创新实践动员及生产实习过程中讲解; 2. 企业技术人员在实习培训时和现场实习过程中讲解; 3. 学生实习调研的汇总以及现场实践过程中交流、记录

三、课堂教学方法

1. 教师在生产实习与创新实践动员及生产实习过程中讲解；

2. 企业技术人员在实习培训时和现场实习过程中讲解；

3. 学生实习调研的汇总以及现场实践过程中交流、记录；

4. 教师在实验室、大赛现场等创新场所与学生交流及指导；

5. 学生在创新实践过程中汇总以及现场实践过程中交流、记录；

6. 生产实习与创新实践考核。

四、教学内容与基本要求

进行生产实习与创新实践动员，明确生产实习和创新实践的基本要求、实习与实践纪律、明确实习记录手册、实习与实践报告撰写规范，考核方式；介绍印刷工程等相关企业管理体系，生产安全等相关知识；介绍各类竞赛大赛的相关情况。

模块一：入厂教育及印刷工艺流程介绍

通过本实习，学生应掌握的印刷企业的基本制度、基本生产流程等知识。

1. 实习内容

（1）实习单位安全教育、保密制度教育、考勤管理以及企业文化教育等；

（2）实习单位基本情况介绍，包括印刷方式、工艺流程（岗位）等；

（3）对实习学生食宿及岗位的安排说明。

2. 实习要求

（1）了解印刷企业的基本制度；

（2）掌握印刷工艺流程的各个环节。

3. 实习重点难点

（1）本实习重点：印刷企业的基本制度，印刷工艺流程的各个环节；

（2）本实习难点：印刷工艺流程的各个环节。

模块二：印前图文信息处理

通过本实习，学生应掌握的印前图文信息处理的流程，包括工艺、设备、操作等。

1. 实习内容

（1）印前工艺流程；

（2）印前软件、设备；

（3）色彩管理的实施；

（4）印前质量控制；

（5）基本的操作训练。

2. 实习要求

（1）掌握印前图文信息处理的流程；

（2）能够运用各种印前软件和设备，并进行基本操作。

3. 实习重点难点

（1）本实习重点：印前图文信息处理的流程；

（2）本实习难点：印前软件和设备的操作要求。

模块三：印前图文信息输出

通过本实习，学生应掌握的印前图文信息输出基本知识，能够进行各类印版的制版操作

1. 实习内容

（1）工艺流程（包含数字化工作流程）；

（2）输出设备；

（3）输出质量控制；

（4）基本的操作训练。

2. 实习要求

（1）掌握印前图文信息输出基本知识；

（2）能够运用输出设备进行各类印版的制版操作。

3. 实习重点难点

（1）本实习重点：印前图文信息输出基本知识；

（2）本实习难点：输出设备的操作。

模块四：印刷机实践操作

通过本实习，学生应掌握的印刷机的类型、生产过程和基本操作。

1. 实习内容

（1）印刷机的类型、结构（平、柔、凹、丝网）；

（2）印刷工艺过程；

（3）印刷常用材料（印版、油墨、承印物等）；

（4）印刷质量控制；

（5）基本的操作训练。

2. 实习要求

（1）掌握印刷机的类型、结构；

（2）熟练掌握印刷工艺过程；

（3）了解印刷常用材料；

（4）能够运用印刷机进行基本的操作训练。

3. 实习重点难点

（1）本实习重点：印刷机的基本操作训练；

（2）本实习难点：印刷机的基本操作训练。

模块五：印后加工及装订工艺

通过本实习，学生应掌握的印后加工及装订工艺流程。

1. 实习内容

（1）印后加工设备的名称、用途（书刊、包装、防伪等方面）；

（2）各种装订方式的工艺流程；

（3）表面整饰、产品成型加工工艺；

（4）印后质量控制；

（5）基本的操作训练。

2. 实习要求

（1）掌握印后加工设备的类型和特点；

（2）掌握各种装订方式的工艺流程；

（3）能够运用印后加工设备进行基本操作。

3. 实习重点难点

（1）本实习重点：印后加工设备的类型和特点，各种装订方式的工艺流程；

（2）本实习难点：印后加工设备的基本操作。

模块六：数字印刷

通过本实习，学生应掌握数字印刷的基本知识和工艺流程。

1. 实习内容

（1）数字印刷设备的名称、原理特点、用途；

（2）数字印刷的工艺流程；

（3）数字印刷质量控制；

（4）数字印刷材料；

（5）基本的操作训练。

2. 实习要求

（1）掌握数字印刷设备的名称、原理特点、用途；

（2）掌握数字印刷的工艺流程；

（3）能够运用数字印刷机进行基本的操作。

3. 实习重点难点

（1）本实习重点：数字印刷设备的名称、原理特点、用途，数字印刷的工艺流程；

（2）本实习难点：数字印刷机的基本操作。

模块七：创新实践

通过本创新实践，学生参与各类学科竞赛，如全国印刷行业职业技能大赛、顺丰绿色包装设计大赛、顺丰北京区快件包装设计大赛、创意印校级比赛等，掌握印刷工程中的创新要素，具备实践能力。

1. 实习内容

（1）全国印刷行业职业技能大赛；

（2）顺丰绿色包装设计大赛；

（3）顺丰北京区快件包装设计大赛；

（4）创意印校级比赛。

2. 实习要求

（1）能够运用印刷工程综合知识，进行产品设计、功能开发；

（2）取得各类学科竞赛、大赛的奖项或名次。

3. 实习重点难点

（1）本实习重点：印刷工程综合能力的运用；

（2）本实习难点：印刷工程综合能力的运用。

教学进度与学时安排（表 7-2）

表 7-2　教学进度与学时安排

教学内容	建议学时	课程目标 1	课程目标 2	课程目标 3	课程目标 4	课程目标 5
生产实习与创新实践动员	1 周	✓				
模块一	1 周	✓				
模块二	2 周	✓	✓	✓	✓	
模块三	2 周	✓	✓			
模块四	2 周	✓	✓	✓	✓	
模块五	2 周	✓			✓	
模块六	2 周	✓	✓	✓	✓	✓
模块七	4 周		✓	✓		✓
合计	16 周					

五、实习组织形式和教学环节

1. 实习组织形式：分散实习

2. 实习教学环节

（1）校内动员。在第六学期期末，二级学院召开思想动员会，组织学习实习指导书，使学生明确实习的目的和意义，并且理解生产实习与创新实践的特殊性和重要性，同时让学生了解法律法规、产业政策、企业管理体系等相关知识。

（2）实习单位介绍及安全教育。在学生进入实习单位后，有关负责人作企业厂史、现状与发展远景、技术标准、知识产权及"三废"排放等情况的介绍，并由厂方安全责任人结合工厂特点进行安全教育。使学生能够严格遵从现场有关规定，遵守劳动纪律。

（3）现场实习。分为全厂参观、重点车间实习和主要车间分组实习，厂方派人带队参观并作比较详细的介绍，学生进行实习记录。学生应服从指导教师安排，听从现场工作人员的指挥，虚心向工人师傅和现场技术人员学习。

（4）撰写实习记录和实习报告。实习结束一周内，学生整理实习记录和实习报告，并提交指导教师评阅。

（5）提交创新实践成果与总结报告。完成创新实践一周内，学生整理总结报告与成果业绩证明，并交给指导教师评阅。

（6）完成生产实习与创新实践答辩。

3. 课程思政案例（表 7-3）

表 7-3　课程思政案例分析

序号	案例名称	案例教学目标	案例教学内容
1	印刷企业环保标准	培养学生具备降低污染与排放，执行国家环保标准，遵守职业道德的意识	印前制版污水处理、印刷残余油墨处理、印后加工边角料处理
2	生产实习或创新实践团队合作	增进学生对团队价值的认识，培养形成工作合力的意识	通过组建生产实习或创新实践团队，共同完成项目任务，形成团队荣誉感，树立协作精神

六、课程考核及成绩评定方式

1. 考核方法

生产实习与创新实践成绩采用百分制计分，按以下两项考核指标进行实习成绩的综合评定，最后录入成绩转换为五级计分制，其构成如表 7-4 所示。

表 7-4　课程考核指标

考核指标	评价环节
平时表现成绩（占比 50%）	对照课程目标 1、2、3、4、5 进行评价
实习记录手册或创新实践报告评阅（占比 50%）	对照课程目标 1、2、3、4、5 进行评价

2. 考核与评分标准

（1）平时表现成绩（表 7-5）

表 7-5 平时表现评分标准

课程目标	90～100分	80～89分	70～79分	60～69分	＜60分
1	生产实习或创新实践时认真思考，就企业技术标准、产业政策，能够积极与指导教师和企业人员进行良好交流；能够很好地分析该企业的工艺流程完整度、社会影响力	生产实习或创新实践时较为认真思考，就企业技术标准、产业政策，能够积极与指导教师和企业人员进行较好交流；较好地分析该企业的工艺流程完整度、社会影响力	生产实习或创新实践时不够认真思考，就技术标准、产业政策，与指导教师和企业人员交流较少，该企业的工艺流程完整度、社会影响力的分析情况一般	生产实习或创新实践时没有认真思考，就技术标准体系、产业政策，不会主动与指导教师和企业人员交流；该企业的工艺流程完整度、社会影响力的分析情况一般	生产实习或创新实践时完全没有思考，参观时完全不与指导教师和企业人员进行交流，没有分析该企业的工艺流程完整度、社会影响力
2	严格遵守生产实习和创新实践纪律，不缺勤，工作态度积极主动	严格遵守生产实习和创新实践纪律，不缺勤，工作态度较积极主动	严格遵守生产实习和创新实践纪律，缺勤在1次以内，工作态度和积极性一般	严格遵守生产实习和创新实践纪律，缺勤在2次以内，工作态度和积极性较差	未严格遵守生产实习和创新实践纪律，缺勤在3次以上，工作态度和积极性较差
3	在生产实践和创新实践过程中，很好地综合运用所学印刷工程专业的基础理论、专业知识和基本技能，并很好地锻炼了实际应用能力	在生产实践和创新实践过程中，较好地综合运用所学印刷工程专业的基础理论、专业知识和基本技能，并较好地锻炼了实际应用能力	在生产实践和创新实践过程中，所学印刷工程专业的基础理论、专业知识和基本技能综合运用一般，实际应用能力锻炼一般	在生产实践和创新实践过程中，所学印刷工程专业的基础理论、专业知识和基本技能综合运用较差，实际应用能力锻炼较差	在生产实践和创新实践过程中，没有综合运用所学印刷工程专业的基础理论、专业知识和基本技能，没有锻炼实际应用能力

续表

课程目标	90～100 分	80～89 分	70～79 分	60～69 分	＜60 分
4	在生产实践和创新实践中，能很好地进行印刷产品全周期、全流程的成本分析和工艺控制，并很好地进行工程和项目管理以及经济决策	在生产实践和创新实践中，能较好地进行印刷产品全周期、全流程的成本分析和工艺控制，并较好地进行工程和项目管理以及经济决策	在生产实践和创新实践中，对印刷产品全周期、全流程的成本分析和工艺控制能力一般；进行工程和项目管理以及经济决策的应用能力一般	在生产实践和创新实践中，进行印刷产品全周期、全流程的成本分析和工艺控制较差；进行工程和项目管理以及经济决策较差	在生产实践和创新实践中，没有进行印刷产品全周期、全流程的成本分析和工艺控制；没有进行工程和项目管理以及经济决策
5	在生产实践和创新实践中，能很好地进行自主学习，很好地理解实践过程中的新知识、新技术；能通过学习，很好地提出、分析、解决遇到的问题	在生产实践和创新实践中，能较好地进行自主学习，较好地理解实践过程中的新知识、新技术；能通过学习，较好地提出、分析、解决遇到的问题	在生产实践和创新实践中，能较好地进行自主学习，较好地理解实践过程中的新知识、新技术；通过学习，提出、分析、解决遇到的问题的能力一般	在生产实践和创新实践中，基本进行自主学习，基本理解实践过程中的新知识、新技术；通过学习，提出、分析、解决遇到的问题的能力较差	在生产实践和创新实践中，无法进行自主学习，无法理解实践过程中的新知识、新技术；不能通过学习，提出、分析、解决遇到的问题

（2）实习记录手册或创新实践报告评阅（表 7-6）

表 7-6　实习或创新实践考核标准

课程目标	90～100 分	80～89 分	70～79 分	60～69 分	＜60 分
1	能够很好地记录印刷企业的技术标准、产业政策，图文丰富	能够较好地记录印刷企业的技术标准、产业政策，图文丰富	对印刷企业技术标准、产业政策等的记录情况不够全面，图文较少	记录印刷企业技术标准、产业政策等较差，图文欠缺	未能记录印刷企业技术标准、产业政策等大部分情况，或内容很少

续表

课程目标	90～100分	80～89分	70～79分	60～69分	<60分
2	对生产实习或创新实践内容记录完整、报告格式规范、图文丰富、字迹工整。	对生产实习或创新实践内容记录比较完整、报告较格式规范、图文较丰富、字迹较工整	对生产实习或创新实践内容记录完整性一般、报告格式规范性、图文丰富性一般、字迹工整性一般	对生产实习或创新实践内容记录不够完整、报告格式欠规范、图文少、字迹欠工整	未能记录生产实习或创新实践内容、报告格式不规范、图文很少、字迹不够工整
3	能够很好地归纳印刷工程专业相关领域的最新知识，在生产实习与创新实践过程中，形成了优异的科研、技能、设计、产品等成果	能够较好地归纳印刷工程专业相关领域的最新知识，在生产实习与创新实践过程中，形成了良好的科研、技能、设计、产品等成果	对印刷工程专业相关领域的最新知识归纳一般，在生产实习与创新实践过程中，形成了一般的科研、技能、设计、产品等成果	对印刷工程专业相关领域的最新知识归纳较差，在生产实习与创新实践过程中，形成的科研、技能、设计、产品等成果较差	没有归纳印刷工程专业相关领域的最新知识，在生产实习与创新实践过程中，没有形成科研、技能、设计、产品等成果
4	能够很好了解印刷工程及产品的全周期、全流程的成本构成，很好地应用于印刷实践中的生产管理与印刷经济决策	能够较好了解印刷工程及产品的全周期、全流程的成本构成，较好地应用于印刷实践中的生产管理与印刷经济决策	基本了解印刷工程及产品的全周期、全流程的成本构成，基本能应用于印刷实践中的生产管理与印刷经济决策	了解印刷工程及产品的全周期、全流程的成本构成较差，很好地应用于印刷实践中的生产管理与印刷经济决策	没有了解印刷工程及产品的全周期、全流程的成本构成，没有应用于印刷实践中的生产管理与印刷经济决策

续表

课程目标	90～100分	80～89分	70～79分	60～69分	<60分
5	实习记录手册或创新实践报告中，能很好地记录自主学习内容和过程；详尽地记录理解实践过程中的新知识、新技术；能通过学习，很好地提出、分析、解决遇到的问题	实习记录手册或创新实践报告中，能较好地记录自主学习内容和过程；较详尽地记录了理解实践过程中的新知识、新技术；能通过学习，较好地提出、分析、解决遇到的问题	实习记录手册或创新实践报告中，基本记录自主学习内容和过程；基本记录理解实践过程中的新知识、新技术；基本能通过学习，提出、分析、解决遇到的问题	实习记录手册或创新实践报告中，记录自主学习内容和过程较差；记录理解实践过程中的新知识、新技术较差；通过学习，很好地提出、分析、解决遇到的问题较差	实习记录手册或创新实践报告中，没有记录自主学习内容和过程；没有记录理解实践过程中的新知识、新技术；没有通过学习，很好地提出、分析、解决遇到的问题

注：以下情况取消成绩：

(1) 实习期间无故旷工或参加实习不足总时间的 2/3 者；

(2) 严重损害学校声誉、影响工厂与学校关系，打架斗殴者或严重违法乱纪，触犯刑法者

七、推荐教材和教学参考书

教材：《印刷综合实训教程》，赵志强、姜东升、王瑜、左晓燕、张婉、徐英杰编著，印刷工业出版社，2013 年第 1 版。

参考书：《大学生生产实习规范与指导》，钟云飞编著，印刷工业出版社，2019 年第 1 版。

参考书：《包装印刷印务包装印刷实习指导》，宋春梦编著，中国轻工业出版社，2001 年第 1 版。

执笔：安 粒

审阅：黄蓓青

审定：齐元胜、杨永刚

附录B　生产实习实践教学环节实习方案

（参照《2016 级培养方案》）

（课程编号：A412390；实习时间：第 7 学期）

模块一：入厂教育及印刷工艺流程介绍

主要内容：1.实习单位安全教育、保密制度教育、考勤管理以及企业文化教育等；

2.实习单位基本情况介绍，包括印刷方式、工艺流程（岗位）等；

3.对实习学生食宿及岗位的安排说明。

模块二：印前图文信息处理

主要内容：1.印前工艺流程；

2.印前软件、设备；

3.色彩管理的实施；

4.印前质量控制；

5.基本的操作训练。

模块三：印前图文信息输出（或者是印版制版类的内容）

主要内容：1.工艺流程（包含数字化工作流程）；

2.输出设备；

3.输出质量控制；

4.基本的操作训练。

模块四：印刷机操作

主要内容：1.印刷机的类型、结构（平、柔、凹、丝网）；

    2. 印刷工艺过程；

    3. 印刷常用材料（印版、油墨、承印物等）；

    4. 印刷质量控制；

    5. 基本的操作训练。

模块五：印后加工及装订工艺

主要内容：1. 印后加工设备的名称、用途（书刊、包装、防伪等方面）；

    2. 各种装订方式的工艺流程；

    3. 表面整饰、产品成型加工工艺；

    4. 印后质量控制；

    5. 基本的操作训练。

模块六：数字印刷

主要内容：1. 数字印刷设备的名称、原理特点、用途；

    2. 数字印刷的工艺流程；

    3. 数字印刷质量控制；

    4. 数字印刷材料；

    5. 基本的操作训练。

模块七：企业安排的其他实习内容

附录C 北京印刷学院课程目标达成度评价表

（ 至 学年第 学期）

课程名称	印刷生产实习与创新实践		课程类型	必修		学生班级	
课程总评成绩组成 及各部分分权重	过程表现	实习手册与报告				课程总学时	16周
	50%	50%					

毕设总评成绩

考核结果状况分析	分数段/分	100～90	89～80	79～70	69～60	59～30	30分以下	平均分/标准差
	人数/人							平均分
	百分比/%							标准差

1. 课程目标达成度评价

课程目标	支撑环节	目标分值	平均成绩	目标达成值
课程目标1: 熟悉印刷企业组织模式和生产流程情况，并分析和评估该企业的生产执行标准、产业政策、工艺流程完整度、生产中废弃物处理方式以及生产中环保的措施	过程表现	20		
	手册与报告			
课程目标2: 在生产实习过程中，通过企业对产品的产品特点，熟悉行业的需求和发展，理解印刷行业对从业人员的基本要求、树立印刷职业意识、规范职业道德	过程表现	20		
	手册与报告			

续表

课程目标		分值	
课程目标 3：正确运用所学印刷工程专业的基础理论、专业知识，全面地掌握印前图文信息的处理流程，印刷设备的操作技术和印后加工的工艺特点及技术要领，并形成一定的印刷行业职业素养，为从事生产管理岗位做储备	过程表现	20	
	手册与报告		
课程目标 4：了解印刷企业在生产全流程的成本预算和成本控制，熟悉印刷企业在订单生产过程中报价所考虑的影响因素，能够相对准确地计算单一订单生产管理全流程的基本运行成本	过程表现	20	
	手册与报告		
课程目标 5：能够根据印刷工程专业相关领域的最新知识，综合运用所学印刷工程专业的基础理论，专业知识和基本技能，在生产实习实践过程中，锻炼实际应用能力，形成科研、技能、设计、产品等标志性成果	过程表现	20	
	手册与报告		
课程总体达成度			

注 1：各个目标达成值 = (过程表现平均分 / 过程表现目标分值) × 占比 + (手册与报告平均分 / 手册与报告目标分值) × 占比

注 2：课程总体达成值 = 目标 1 达成值 × 0.2 + 目标 2 达成值 × 0.2 + 目标 3 达成值 × 0.2 + 目标 4 达成值 × 0.2 + 目标 5 达成值 × 0.2

2. 课程的持续改进

指标点达成情况分析	通过考查学生实习期间的综合表现，以及实习手册和实习报告的撰写情况，综合评估学生综合运用印刷工程专业的基础理论、专业知识和基本技能的能力，分析如下：

续表

评估的结果被系统地加入项目持续改进	
其他可用的协助持续改进的资源	

试卷分析人（签名）：_____ 复核人（签名）：_____

分析日期：_____

系主任（课程组负责人）对达成分析合理性和试卷归档规范性检查意见：

签名：_____

____年____月____日

附录D 印刷与包装工程学院生产实习安全协议书
（集中派遣）

甲方：印刷与包装工程学院

乙方：（学生）

根据教学计划的安排，为确保实践（实习）安全，经双方协商，达成如下协议：

一、甲方安排教师带领乙方到＿＿＿＿＿＿＿＿＿＿＿＿＿＿，完成实践（实习）任务。时间为　　年　月　日至　　年　月　日。

二、基本权利和义务：

甲方：

1.按照学校《学生手册》相关规定及实践（实习）单位、住地的规章制度，以及本次实践（实习）规定条款，对乙方进行管理。

2.保护乙方的合法权益，按照有关规定，使乙方接受应有的教育和服务，为乙方联系平安保险公司意外险（120元年卡，保10万元意外，1万元意外医疗，20万元航空），乙方自愿办理。

3.做好乙方实习前的安全教育，并在实习中督促、检查实施。

4.依据学院学生管理规定，对乙方实施表扬、批评，实施相应的奖励和处分。对严重违反实践（实习）纪律的，有权终止乙方实践（实习），并取消其实践（实习）成绩评定资格。终止实践（实习）后的一切后果，由乙方自己负责（含遣送返校或返家的费用，后续重修费用，以及由此引发的其他事情等）。

乙方：

1.在实践（实习）期内，享有《学生手册》规定的权利和义务。

2.严格遵守国家的政策、法律及甲方依法制定的规章制度和实习纪律，积极履行大学生行为规范。

3.严格遵守实习场所和各工种、各工位的安全操作规程，遵守实习住地的规章制度，保证安全实习和生活。如违章引发自身和对他人的伤害，以及实习单位和住地的经济损失，视其责任大小，负责赔偿损失。

4. 严格执行并服从学校及实践（实习）单位规章制度和安全要求，不能进行可能导致人身伤害及财产损失的行为，如擅自离队外出、喝酒、游泳等。由违反规定的行为所导致的人身伤害和财物损失，以及引发的一切刑事（民事）案件由个人承担全部责任。

5. 完成实践（实习）的各项任务：

1）每天记述当天实践（实习）内容，做好实践（实习）笔记。

2）按照要求完成实践（实习）报告，实践（实习）结束后提交报告申请成绩。

3）参加各项考核。

三、协议生效后，甲乙双方无正当理由，不得终止实践（实习）。

四、本协议书一式两份，甲乙双方各持一份。

甲方签章：   乙方（学生）：

联系电话：   联系电话：

                                   身份证号：

                                   乙方（家长）：

                                   联系电话：

附录E 调查问卷
_____届印刷包装学院本科毕业生实习动态调查问卷

各位同学:

大家好!

为了全面了解印包学院毕业生参加生产实习以及毕业实习方面的状况,为下一步学院安排实习工作做好准备,请各位同学根据自身实习情况认真填写如下调查问卷(单选),谢谢合作!

你的性别是: A.男　　　B.女

你的专业是: A.印刷工程　　　B.包装工程　　　C.高分子材料与工程

你的生源地是: _____

你的实习地及企业名称是: _____

1. 你觉得目前大学生的实习机会多吗?(　　　)

A.很多　　　　B.比较多　　　　C.一般　　　　D.非常少

2. 你是通过什么方式或途径了解到生产实习(或毕业实习)的需求信息?
(　　　)

A.学校的宣传信息　　　　　　　B.家长或朋友的介绍

C.招聘网站　　　　　　　　　　D.其他

3. 你认为实习工作是否一定要与专业对口?(　　　)

A.是的,要与专业对口

B.看情况,没有对口的,找相近的也行

C.无所谓,只要能得到锻炼,是个实习单位就行

4. 如果自己认真执行实习过程,你是否认同生产实习(或毕业实习)的效果?
(　　　)

A.很好　　　B.较好　　　　C.一般　　　　D.不理想

5. 你是否在实习企业认真实习，主动实践，并虚心请教企业的技术人员？
（   ）

    A. 是   B. 没有

6. 你认为企业导师在实习中是否起到了技术指导的作用？（   ）

    A. 是   B. 没有

7. 你认为自己联系的单位实习，是否约束力下降且导致实习效果不理想？
（   ）

    A. 是   B. 没有

8. 选择企业实习时，你是否第一选择是考虑生源地的企业？（   ）

    A. 是

    B. 看情况，如果生源地没有合适企业，会去东部沿海地区

    C. 先考虑企业实力，再看是不是生源地企业

9. 选择企业实习时，你最关注什么？（   ）

    A. 企业知名度与实力，能学到东西

    B. 实习企业所在地域（如东部发达地区或旅游城市）

    C. 能提供往返路费和实习补助

    D. 能提供较好的学习和生活条件（有宽松的下班后学习时间，有 Wi-Fi，住宿环境好）

10. 生产和毕业实习共 10 个学分，你是否在乎实习成绩及其对绩点的影响？
（   ）

    A. 在乎   B. 一般   C. 不在乎

11. 你所在的企业是否有专人在负责实习安排，且有较完善的实习方案？
（   ）

    A. 有   B. 没有   C. 不清楚

12. 你认为实习单位最看重实习生的哪方面素质？（   ）

    A. 学历和专业   B. 沟通和人际交往能力

    C. 学习和创新能力，有培养潜质   D. 动手操作能力

    E. 其他实习实践经历

13. 你认为实习与毕业后的第一份工作有关系吗？（　　　）

A. 有关，很多人就是在实习单位就业的

B. 有关，实习经历对找工作帮助很大

C. 没什么关系，帮助不大

D. 看情况，因人而异

14. 在你看来，生产（毕业）实习的目的是什么？（　　　）[最多可选 3 项]

A. 了解自己未来从事的行业和公司的运作模式

B. 增长才干，提高业务素质

C. 积累社会实践和工作经验，为就业做准备

D. 了解职场沟通技巧和生存法则，积累人脉

E. 赚取生活费

F. 不得不去，走过场

15. 你认为实习期间应该注意什么？（　　　）[最多可选 3 项]

A. 要持之以恒，不能抱有走过场心态

B. 要有目的性地选择实习岗位

C. 积极主动，多学多做多思考

D. 实习企业应规范实习培训制度，加强实习反馈，并出具正规实习鉴定意见

E. 学校要结合本科生培养方案和部分学生考研的现实需要，合理安排专业课程和实习时间，出台有差异化的生产实习方案

16. 你认为通过实习，有哪方面的收获？（　　　）[最多可选 3 项]

A. 积累了工作实践经验，增强了业务技能

B. 增强了工作抗压和心理承受能力

C. 实现了从学校到职场的转变

D. 领会了职场上的社交规则

E. 拟定出了个人职业发展规划

F. 没啥收获

17. 有企业担心大量接纳学生实习会增加企业负担，削弱企业竞争力。你怎么看？（　　　）[最多可选 3 项]

A. 实习岗位的设置数量与企业实习相符，避免企业负担明显增加

B. 实习生相当于社会和企业的后备人才库，实习是选用人才的最佳方式，值得企业付出一定的成本

C. 按企业人才需求和实习生的工作贡献，由企业自主确定实习工资或生活补助额度

D. 只要企业接纳学生实习，可以不发实习工资，解决基本的食宿问题即可

18. 你认为暑期生产实习和考研复习有冲突吗？若要考研，希望学校提供什么政策帮助？

19. 你认为生产（或毕业）实习应如何考核？

20. 你对印包学院在实习、就业等工作方面，有什么建议（如实习就业指导、管理和服务等）？

21. 你对学校今年毕业设计的时间安排有何意见及建议？你认为应该怎样安排时间来保证和提高毕业设计的质量？（这个问题很重要，请认真对待）

22. 在生产（或毕业）实习和毕业设计阶段，你有何建议，希望学校在这段时期内给学生提供哪些帮助，以及这些实习对自己今后的工作是否有深远的影响？